DEIN COACH ZUM ERFOLG!

Dein ActiveBook auf My**STARK**:

Du kannst auf alle digitalen Inhalte zu diese
Band online zugreifen. Registriere dich
unter **www.stark-verlag.de/mystark**
mit deinem **persönlichen Zugangscode**

Die Inhalte dieser Auflage stehen bis Schuljahresende zur Verfügung.

Das ActiveBook *bietet dir:*

- Viele zusätzliche interaktive Übungsaufgaben zu allen prüfungsrelevanten Kompetenzbereichen
- Sofortiges Feedback und Auswertung der Ergebnisse
- Interaktive Lösungen: in kleinen Schritten zum Ergebnis
- Vorgerechnete Beispiele als weitere Hilfe

DEIN COACH ZUM ERFOLG!

So kannst du interaktiv lernen:

Interaktive Aufgaben

Interaktive Lösung mit kleinschrittiger Anleitung zu jeder Aufgabe

Vorgerechnetes **Beispiel** zu jeder Aufgabe

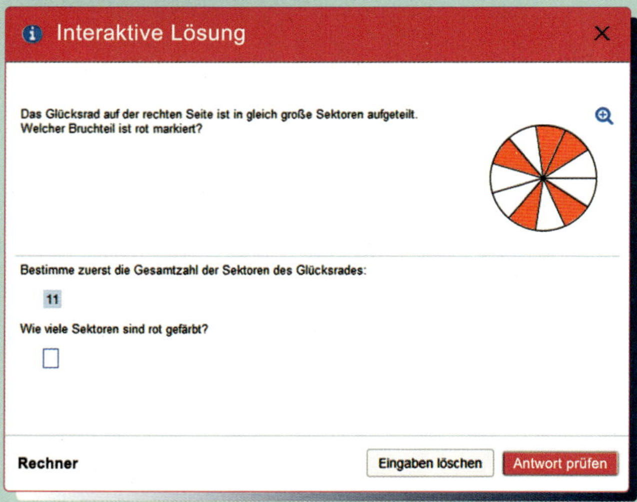

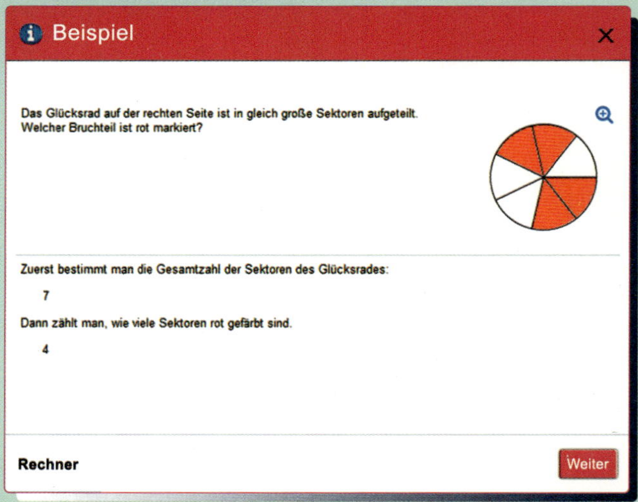

Systemvoraussetzungen:

- Mindestens 1024×768 Pixel Bildschirmauflösung
- Chrome, Firefox oder ähnlicher Webbrowser
- Internetzugang

STARK

2023

Hauptschule

Original-Prüfungsaufgaben
und Training

Hessen

Mathematik

STARK

Bildnachweis
S. 4: © Rafael Ben-Ari/Fotolia.com
S. 76: © Ben Carlson/Dreamstime.com

19. ergänzte Auflage
www.stark-verlag.de

Inhalt

Fortsetzung siehe nächste Seite

Sobald die Original-Prüfungsaufgaben 2022 freigegeben sind, können sie als PDF auf der Plattform MyStark heruntergeladen werden (Zugangscode vgl. Farbseiten vorne im Buch).

Dieses Buch enthält ein **ActiveBook**. Du kannst damit online mit zahlreichen zusätzlichen **interaktiven Aufgaben** zu allen prüfungsrelevanten Kompetenzbereichen trainieren.

Die **interaktiven Aufgaben** sind im Buch mit diesem Button gekennzeichnet. Am besten gleich ausprobieren!

Ausführliche Infos inkl. Zugangscode findest du auf den **Farbseiten** vorne in diesem Buch.

Zu ausgewählten Themen bietet dir das Buch **Lernvideos** mit GeoGebra-Dateien. Bei den jeweiligen Kapiteln befindet sich ein **QR-Code**, der mit einem Smartphone oder Tablet gescannt werden kann.
Zu einer Übersicht aller Videos gelangst du über den nebenstehenden QR-Code, über die Plattform **MyStark** oder über folgenden Link:
http://qrcode.stark-verlag.de/63500_lernvideos

Autorin und Autoren:
Trainingsteil/Aufgaben im Stil der Abschlussprüfung:
Petra Koch, Thomas Schwarze, Marcus Noll

Vorwort

Liebe Schülerin, lieber Schüler,

mit dem vorliegenden Buch kannst du dich selbstständig und effektiv auf die Abschlussprüfung an der Hauptschule im Fach Mathematik vorbereiten.

- Das Buch beginnt mit einem ausführlichen **Trainingsteil**, der alle Themengebiete des Prüfungsstoffs abdeckt. Lies dir in jedem Kapital zunächst den Kasten genau durch. Darin sind die wichtigsten Begriffe, Formeln und Lösungswege, die du zum Lösen der Aufgaben in der Abschlussprüfung beherrschen solltest, auf einen Blick zusammengefasst. Danach kannst du anhand der Übungsaufgaben dein Wissen in den einzelnen Themenbereichen vertiefen.

- Mit dem Vorwissen aus dem Trainingsteil kannst du dich an die **Aufgaben im Stil der Abschlussprüfung** wagen. Hier sind die Aufgaben nicht mehr nach Themenbereichen unterteilt, sondern – wie in der Prüfung – aus den verschiedenen Stoffgebieten zusammengestellt. So kannst du deine Fähigkeiten ganz gezielt auf Prüfungsniveau trainieren.

- Zusätzlich sind in diesem Buch die **Original-Prüfungsaufgaben** enthalten, die in den letzten Jahren vom Kultusministerium in Hessen gestellt wurden. Sie sollen dir einen genauen Eindruck vermitteln, welche Anforderungen dich in der Mathematikprüfung erwarten. Versuche deshalb, unter echten Prüfungsbedingungen zu üben und die Aufgaben jeweils in der vorgegebenen Zeit und nur mit den zugelassenen Hilfsmitteln zu lösen.

- Zu diesem Buch ist ein **Lösungsbuch** (Titel-Nummer C06300L) erhältlich. Darin sind ausführliche, von unseren Autoren ausgearbeitete Lösungen zu allen Aufgaben sowie wertvolle Tipps zur Prüfung aufgeführt.

- Lies die folgenden **Hinweise zur Prüfung**, bevor du dich an die Arbeit machst, damit du über den Ablauf und die Besonderheiten der Abschlussprüfung gut Bescheid weißt.
  Sollten nach Erscheinen dieses Bandes noch **wichtige Änderungen** für die Abschlussprüfung 2023 vom Kultusministerium bekannt gegeben werden, erhältst du **aktuelle Informationen** dazu im **Internet** unter:
  www.stark-verlag.de/mystark (Zugangscode vgl. vorne im Buch)

Und nun viel Freude und Erfolg bei deinen Vorbereitungen und in der Prüfung!

Hinweise zur Prüfung

Die Abschlussprüfung an Hauptschulen wird zentral gestellt, das heißt, alle Schülerinnen und Schüler in Hessen müssen am Tag der Prüfung dieselben Aufgaben lösen.

Die Bearbeitungszeit für die Abschlussprüfung in Mathematik beträgt **135 Minuten**. Zusätzlich hast du zu Beginn 15 Minuten Zeit, um dich mit den Aufgaben vertraut zu machen und nochmal 15 Minuten um allgemeine Fragen zu den Aufgaben zu stellen.

Die Prüfung besteht aus zwei Teilen:
Die Aufgaben in **Teil I** prüfen in erster Linie grundlegendes Wissen und Können, der Taschenrechner und die Formelsammlung dürfen dabei **nicht** benutzt werden.
Die Aufgaben in **Teil II** gehen in ihrem Schwierigkeitsgrad darüber hinaus, auch Taschenrechner und Formelsammlung dürfen jetzt benutzt werden. Am Ende von Teil II befinden sich vier **Wahlaufgaben**, von denen du zwei bearbeiten musst.
Die Aufgaben des zweiten Teils sind im Vergleich zum ersten Teil anspruchsvoller. Du musst hier oft länger nachdenken. Aber lass dich nicht entmutigen, auch wenn die Aufgabe anfangs schwer erscheint. Bleib ruhig und überlege, dann wirst du Zusammenhänge erkennen und auch knifflige Aufgaben lösen können.

In der Prüfung müssen alle Rechenwege nachvollziehbar aufgeschrieben werden. Achte bei der Angabe der Ergebnisse auf die richtige Maßeinheit. Antworten müssen nur dann formuliert werden, wenn dies in der Aufgabenstellung verlangt wird.

Bewertungsmaßstab der Prüfungen:

sehr gut	1	80 – 72	Punkte
gut	2	71,5 – 60	Punkte
befriedigend	3	59,5 – 48	Punkte
ausreichend	4	47,5 – 36	Punkte
mangelhaft	5	35,5 – 16	Punkte
ungenügend	6	15,5 – 0	Punkte

Grundrechenarten

Fachbegriffe

Es gibt 4 Grundrechenarten:

Addition:	Summand	+	Summand	=	Summe
	3	+	7	=	10
Subtraktion:	Minuend	–	Subtrahend	=	Differenz
	9	–	6	=	3
Multiplikation:	Faktor	·	Faktor	=	Produkt
	3	·	9	=	27
Division:	Dividend	:	Divisor	=	Quotient
	48	:	8	=	6

Aufgabe

1. Bei den folgenden Aufgaben geht es in erster Linie um die richtige Anwendung der Fachbegriffe und erst in zweiter Linie um das Rechnen. Versuche, die Aufgaben im Kopf zu lösen.

a) Addiere 7 und 12.

b) Subtrahiere 40 von 85.

c) Multipliziere 8 mit 12.

d) Dividiere 121 durch 11.

e) Bei einer Addition ergibt sich als Summe 70. Der eine Summand heißt 25. Wie heißt der andere?

f) Wie groß ist die Differenz aus 65 und 13?

g) Mit welcher Zahl musst du 6 multiplizieren, damit sich das Produkt 90 ergibt?

h) Bei einer Multiplikation ergibt sich das Produkt 225. Der eine Faktor ist 15. Wie heißt der andere?

i) Der Quotient einer Division heißt 12, der Divisor ist 9. Wie heißt der Dividend?

j) Addiere 10 und 15 und multipliziere die Summe mit 20.

k) Subtrahiere 18 von 72 und dividiere die Differenz durch 9.

l) Multipliziere 7 mit 11 und addiere zum Produkt 8.

m) Dividiere 81 durch 9 und subtrahiere dann 9.

Rechenregeln

– Was in der **Klammer** steht, wird zuerst berechnet.

– **Punkt**rechnung geht **vor Strich**rechnung.

Beispiele:

a) $(4-2)-1+(8-6)=$
$\quad 2 \quad -1+ \quad 2 \quad =3$

b) $6-2\cdot 2+3=$
$6- \ 4 \ +3=5$

Aufgabe

2. Berechne.

a) $8-(5-2)$

b) $6+(6-3)$

c) $(45-9)+47$

d) $328-24\cdot 3-8-3\cdot 7$

e) $14\cdot 5-3\cdot 8+73-9\cdot 3$

f) $2\cdot(42-35)+3\cdot(8-1)$

g) $41-2\cdot(9-7)-2\cdot(17-9)$

h) $(54+31)-8+(20-10)$

Runden

Folgt auf die Stelle, auf die gerundet wird, eine 0, 1, 2, 3 oder 4, runde die Zahl **ab**.
Folgt auf die Stelle, auf die gerundet wird, eine 5, 6, 7, 8 oder 9, runde die Zahl **auf**.

Beispiele:

a) gerundet auf Zehntel (auf eine Stelle nach dem Komma):
2,8**3**2 ≈ 2,8 16,2**8**5 ≈ 16,3

b) gerundet auf Hundertstel (auf 2 Stellen nach dem Komma):
3,68**7**1 ≈ 3,69 32,12**4**3 ≈ 32,12

Aufgaben

3. Runde auf Zehner und auf Zehntel.

a) 35,4821

b) 608,7412

c) 18,0098

d) 21,534

e) 101,101

f) 451,761

4. Runde auf Zehntel, Hundertstel und Tausendstel.

a) 8,1363

b) 2,8647

c) 3,2092

d) 0,6060

e) 11,9994

f) 18,0108

5. Runde auf die angegebene Einheit.

a) auf Meter: 7,08 m; 651 cm; 14,6471 km

b) auf Zentimeter: 86 mm; 5,71 cm; 18,36 cm

c) auf Gramm: 21,37 g; 0,7491 kg; 9 533 mg

Überschlagen

Beim Überschlagen rechnet man mit **gerundeten Werten** und erhält **Näherungswerte**, die zeigen, in welcher **Größenordnung** das Ergebnis liegt. Auf diese Weise kannst du deine Lösungen vor dem exakten Berechnen **abschätzen** und/oder danach noch einmal **kontrollieren**.

Beispiele:

a) $118+94\approx 120+90=210$ genaues Ergebnis: $118+94=212$

b) $3\,238-1\,497\approx 3\,200-1\,500=1\,700$ genaues Ergebnis: $3\,238-1\,497=1\,741$

c) $11\,496\cdot 9\approx 10\,000\cdot 10=100\,000$ genaues Ergebnis: $11\,496\cdot 9=103\,464$

d) $9\,484\,893:33\approx 9\,000\,000:30=300\,000$ genaues Ergebnis: $9\,484\,893:33=287\,421$

Aufgaben

6. Überschlage das Ergebnis zuerst und berechne dann genau.

a) $785+698$

b) $847-521$

c) $67\cdot 23$

d) $3\,210\,210:15$

e) $861+1\,309+7\,482+5\,425$

f) $5\,561-562-622$

7. Hier reicht es, wenn du mit Überschlag rechnest. Bei welcher Aufgabe kommt das höchste Ergebnis heraus, bei welcher Aufgabe das niedrigste?

a) $2\,111-590-611{,}5$

b) $28\cdot 32$

c) $8{,}8\cdot 22-17$

d) $332+876-355$

e) $18\cdot 19$

f) $1\,836{,}8:6{,}21$

g) $322+488+210{,}5$

h) $2\,110:2{,}8$

8. Überschlage den Gesamtpreis.

a) David kauft 4 CDs zu je 14,90 €.

b) Herr Probst kauft seiner Frau zum Hochzeitstag 17 rote Rosen à 1,15 €.

9. Tim geht für seine Mutter zum Einkaufen. Er besorgt 1 kg Äpfel für 2,10 €, 2 ℓ Milch à 1,19 €, 5 Kürbiskernbrötchen für je 85 ct und 3 Packungen Bio-Müsli für je 2,49 €. Seine Mutter gibt ihm einen 20 €-Schein mit. Reicht das Geld noch für ein Eis? Überschlage.

Schätzen

Um Größen auf Bildern sinnvoll zu schätzen, musst du sie immer mit einer dir bekannten Größe, die auch auf dem Bild zu finden ist, **vergleichen**.

Beispiele:

a) Größe Mann: 1,80 m

b) Größe Frau: 1,70 m

c) Länge Hand: 15 cm

d) Länge Arm: 80 cm

Aufgabe

10. Ein Tipi ist eine zeltartige Behausung der Prärieindianer. Das Gerüst aus Stangen wurde früher oft mit Bisonhäuten bedeckt. Das Bild zeigt ein solches kegelförmiges Zelt, vor dem eine erwachsene Frau steht. Berechne, welches Volumen das Zelt ungefähr hat. Schätze dazu die benötigten Maße sinnvoll ab.

Interaktive Aufgaben

1. Satz wählen
2. Term berechnen I
3. Term berechnen II
4. Term vereinfachen
5. Runden
6. Überschlagen

Brüche

Bruchbegriff und Darstellung

Der **Nenner** eines Bruches gibt an, in wie viele Teile das Ganze zerlegt wird. Der **Zähler** gibt an, wie viele Teile davon genommen werden.

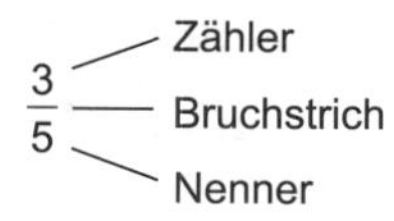

Einen Bruch kann man u. a. am **Zahlenstrahl** oder als **Fläche** darstellen.

Beispiele:

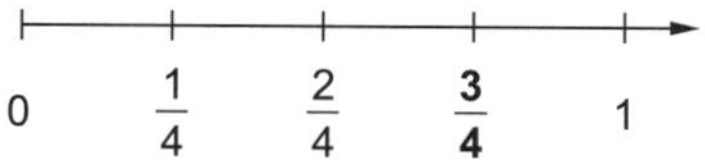

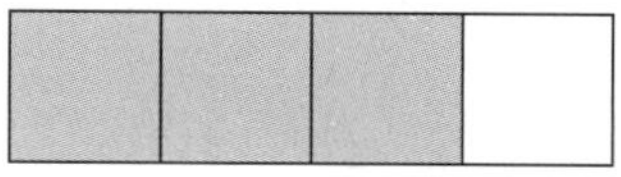

$\frac{3}{4}$

Jeden Bruch kann man auch als **Dezimalbruch** oder als **Prozentzahl** schreiben. Dazu muss man den Zähler durch den Nenner dividieren.
Folgende Umrechnungen solltest du auswendig kennen:

$\frac{1}{10} = 0{,}1 = 10\ \%$ $\quad \frac{1}{5} = 0{,}2 = 20\ \%$ $\quad \frac{1}{4} = 0{,}25 = 25\ \%$

$\frac{1}{2} = 0{,}5 = 50\ \%$ $\quad \frac{3}{4} = 0{,}75 = 75\ \%$ $\quad \frac{1}{3} = 0{,}333\ldots = 0{,}\overline{3} \approx 33\ \%$

Aufgaben

11. Gib die grau dargestellten Anteile als Bruch und in Prozent an.

a) 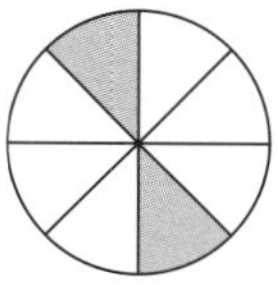

b) 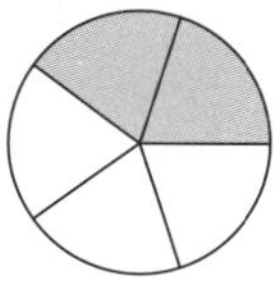

c) 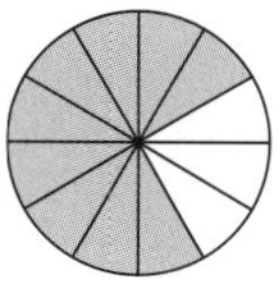

d) 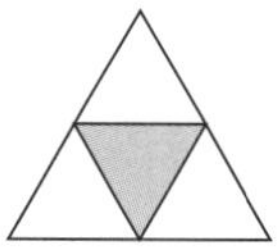

e) 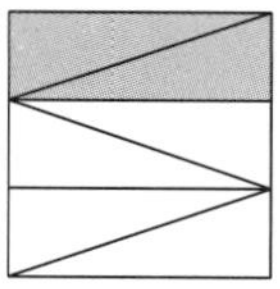

f) 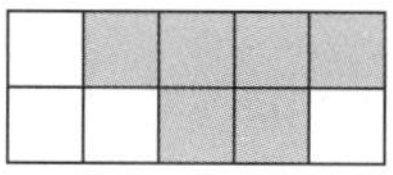

12. Ergänze jeweils so zu einer neuen Figur, dass die ursprüngliche (graue) Fläche dem angegebenen Anteil entspricht.

a) 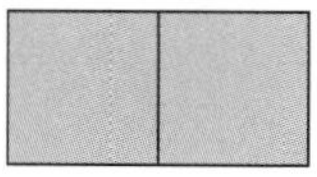

$\frac{1}{2}$

b) 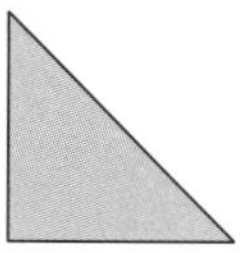

$\frac{1}{4}$

Echte und unechte Brüche

Bei einem **echten Bruch** ist der Zähler immer kleiner als der Nenner, bei einem **unechten Bruch** ist der Zähler größer oder gleich dem Nenner.
Eine **gemischte Zahl** besteht aus einer ganzen Zahl und einem echten Bruch.

Beispiele:

a) echte Brüche: $\frac{1}{2}; \frac{2}{9}; \frac{33}{37}; \ldots$

b) unechte Brüche: $\frac{3}{2}; \frac{5}{5}; \frac{8}{7}; \ldots$

c) gemischte Zahlen: $2\frac{1}{2}; 4\frac{3}{8}; 1\frac{1}{5}; \ldots$

Um eine **gemischte Zahl als unechten Bruch** zu schreiben, multipliziere die Ganzen mit dem Nenner des Bruches und addiere den Zähler. So erhältst du den Zähler des unechten Bruches. Der Nenner bleibt gleich.
Um einen **unechten Bruch als gemischte Zahl** zu schreiben, schreibe den Bruch als Summe und ziehe die Ganzen heraus.

Beispiele:

a) $4\frac{1}{2} = \frac{4 \cdot 2 + 1}{2} = \frac{9}{2}$

b) $\frac{29}{5} = \frac{25}{5} + \frac{4}{5} = 5 + \frac{4}{5} = 5\frac{4}{5}$

Aufgaben

13. Wandle die gemischten Zahlen in unechte Brüche um.

a) $1\frac{1}{4}$ b) $3\frac{3}{10}$ c) $3\frac{4}{5}$

d) $2\frac{2}{3}$ e) $6\frac{1}{6}$ f) $1\frac{1}{9}$

14. Schreibe als gemischte Zahl.

a) $\frac{37}{10}$ b) $\frac{16}{11}$ c) $\frac{9}{8}$

d) $\frac{12}{11}$ e) $\frac{32}{17}$ f) $\frac{36}{19}$

Interaktive Aufgaben

1. Glücksrad
2. Umwandlung in unechten Bruch
3. Umwandlung in echten Bruch

Kürzen und Erweitern von Brüchen

Brüche werden **erweitert**, indem man Zähler und Nenner mit derselben Zahl multipliziert. Der Wert des Bruches ändert sich dabei nicht.

Beispiel:

$\frac{4}{5}$ mit 3 erweitern: $\frac{4 \cdot 3}{5 \cdot 3} = \frac{12}{15}$

Brüche werden **gekürzt**, indem man Zähler und Nenner durch dieselbe Zahl dividiert. Der Wert des Bruches ändert sich dabei nicht.

Beispiel:

$\frac{85}{125}$ mit 5 kürzen: $\frac{85:5}{125:5} = \frac{17}{25}$

Aufgaben

15. Erweitere.

a) $\frac{1}{3}$ mit 2, 3, 5, 7, 10, 13

b) $\frac{3}{4}$ mit 3, 5, 8, 9, 15, 20, 25

16. Kürze so weit wie möglich.

a) $\frac{6}{8}$ b) $\frac{6}{10}$ c) $\frac{6}{15}$

d) $\frac{18}{24}$ e) $\frac{15}{27}$ f) $\frac{21}{28}$

g) $\frac{25}{30}$ h) $\frac{20}{32}$ i) $\frac{14}{35}$

j) $\frac{28}{42}$ k) $\frac{36}{45}$ l) $\frac{21}{48}$

m) $\frac{52}{60}$ n) $\frac{70}{84}$ o) $\frac{96}{120}$

17. Kürze folgende Brüche.

a) $\frac{56}{84}$ b) $\frac{36}{92}$ c) $\frac{45}{120}$

d) $\frac{96}{80}$ e) $\frac{48}{52}$ f) $\frac{35}{65}$

g) $\frac{65}{115}$ h) $\frac{42}{88}$ i) $\frac{75}{60}$

j) $\frac{80}{25}$ k) $\frac{52}{24}$ l) $\frac{126}{36}$

Addition und Subtraktion von Brüchen

Addition (Subtraktion) gleichnamiger Brüche (gleiche Nenner)

1. Addiere bzw. subtrahiere die Zähler und behalte den gemeinsamen Nenner bei.
2. Kürze das Ergebnis und wandle in eine gemischte Zahl um, wenn möglich.

Beispiele:

a) $\frac{3}{7}+\frac{11}{7}+\frac{9}{7}+\frac{1}{7}=\frac{3+11+9+1}{7}=\frac{24}{7}=3\frac{3}{7}$

b) $\frac{17}{5}-\frac{3}{5}-\frac{8}{5}=\frac{17-3-8}{5}=\frac{6}{5}=1\frac{1}{5}$

Addition (Subtraktion) ungleichnamiger Brüche (verschiedene Nenner)

1. Bilde den Hauptnenner (k. g. V.) und erweitere die Zähler entsprechend.
2. Addiere bzw. subtrahiere die Zähler und behalte den gemeinsamen Nenner bei.
3. Kürze das Ergebnis und wandle in eine gemischte Zahl um, wenn möglich.

Beispiele:

a) $\frac{3}{4}+\frac{5}{8}=\frac{6}{8}+\frac{5}{8}=\frac{11}{8}=1\frac{3}{8}$

b) $\frac{12}{5}-\frac{1}{10}-\frac{3}{20}=\frac{48}{20}-\frac{2}{20}-\frac{3}{20}=\frac{43}{20}=2\frac{3}{20}$

c) $\frac{11}{12}-\frac{2}{3}=\frac{11}{12}-\frac{8}{12}=\frac{3}{12}\overset{:3}{=}\frac{1}{4}$

d) $5\frac{1}{3}+7\frac{5}{6}=\frac{16}{3}+\frac{47}{6}=\frac{32}{6}+\frac{47}{6}=\frac{79}{6}=13\frac{1}{6}$

oder: $5\frac{1}{3}+7\frac{5}{6}=12\frac{1}{3}+\frac{5}{6}=12\frac{2}{6}+\frac{5}{6}=12\frac{7}{6}=13\frac{1}{6}$

Aufgaben

18. Addiere die Brüche.

a) $\frac{1}{2}+\frac{1}{4}$

b) $\frac{3}{4}+\frac{5}{12}$

c) $\frac{2}{3}+\frac{5}{9}$

d) $\frac{5}{6}+\frac{6}{5}$

e) $\frac{10}{21}+\frac{11}{14}$

f) $\frac{3}{5}+\frac{5}{3}$

g) $\frac{7}{9}+\frac{9}{7}$

h) $\frac{3}{4}+\frac{5}{6}$

i) $\frac{7}{18}+\frac{13}{24}$

19. Subtrahiere die Brüche.

a) $\frac{3}{8}-\frac{1}{4}$ b) $\frac{1}{5}-\frac{1}{7}$

c) $\frac{2}{3}-\frac{7}{12}$ d) $\frac{11}{12}-\frac{2}{3}$

e) $\frac{6}{7}-\frac{5}{8}$ f) $\frac{11}{12}-\frac{17}{20}$

20. Addiere die gemischten Zahlen.

a) $3\frac{7}{9}+1\frac{2}{3}$ b) $6\frac{2}{3}+2\frac{4}{5}$

c) $8\frac{1}{2}+5\frac{2}{7}$ d) $3\frac{1}{8}+4\frac{3}{5}$

e) $4\frac{1}{6}+2\frac{3}{4}$ f) $8\frac{4}{9}+5\frac{5}{6}$

21. Subtrahiere die gemischten Zahlen.

a) $5\frac{1}{3}-3\frac{1}{2}$ b) $7\frac{1}{3}-4\frac{3}{4}$

c) $6\frac{4}{5}-5\frac{7}{12}$ d) $3\frac{4}{7}-1\frac{5}{6}$

e) $3\frac{2}{3}-2\frac{9}{10}$ f) $7\frac{3}{5}-5\frac{7}{8}$

Interaktive Aufgaben

4. Erweitern
5. Kürzen
6. Addition und Subtraktion

Multiplikation von Brüchen

1. Wandle gemischte Zahlen zunächst in unechte Brüche um.
2. Multipliziere, indem du **Zähler mit Zähler** und **Nenner mit Nenner** multiplizierst.
3. **Kürze** vor dem Ausmultiplizieren, falls möglich.

Beispiele:

a) $\frac{\cancel{4}^{1}}{\cancel{7}_{1}}\cdot\frac{\cancel{14}^{2}}{\cancel{20}_{5}}=\frac{1\cdot 2}{1\cdot 5}=\frac{2}{5}$ Kürze „über Kreuz".

b) $2\frac{3}{5}\cdot 3\frac{1}{6}=\frac{13}{5}\cdot\frac{19}{6}=\frac{247}{30}=8\frac{7}{30}$

Aufgaben

22. Multipliziere die Brüche. Kürze zunächst „über Kreuz“, wenn möglich.

a) $\frac{7}{8}\cdot\frac{3}{7}$

b) $\frac{5}{6}\cdot\frac{3}{5}$

c) $\frac{2}{7}\cdot\frac{3}{5}$

d) $\frac{3}{4}\cdot\frac{5}{8}$

e) $\frac{1}{5}\cdot\frac{7}{12}$

f) $\frac{3}{4}\cdot\frac{2}{5}\cdot\frac{1}{6}$

g) $\frac{8}{9}\cdot\frac{3}{4}\cdot\frac{5}{6}$

h) $\frac{3}{4}\cdot\frac{8}{3}\cdot\frac{7}{9}$

i) $\frac{7}{8}\cdot\frac{2}{3}\cdot\frac{6}{7}$

23. Berechne das Ergebnis.

a) $\frac{3}{5}\cdot 6$

b) $\frac{3}{4}\cdot 5$

c) $3\cdot\frac{4}{9}$

d) $\frac{2}{7}\cdot 4$

e) $5\cdot\frac{11}{15}$

f) $\frac{11}{18}\cdot 12$

g) $\frac{2}{7}\cdot 4\frac{1}{2}$

h) $5\frac{5}{8}\cdot\frac{11}{15}$

i) $\frac{11}{18}\cdot 2\frac{1}{4}$

Division von Brüchen

1. Wandle gemischte Zahlen zunächst in unechte Brüche um.
2. Dividiere die Brüche, indem du den Dividenden (erster Bruch) mit dem **Kehrwert** des Divisors (zweiter Bruch) **multiplizierst**.
3. **Kürze** vor dem Ausmultiplizieren, falls möglich.

Beispiele:

a) $\frac{3}{4}:\frac{6}{5}=\frac{\cancel{3}^{1}}{4}\cdot\frac{5}{\cancel{6}_{2}}=\frac{5}{8}$

b) $6\frac{1}{2}:2\frac{3}{4}=\frac{13}{2}:\frac{11}{4}=\frac{13}{\cancel{2}_{1}}\cdot\frac{\cancel{4}^{2}}{11}=\frac{26}{11}=2\frac{4}{11}$

c) $\frac{7}{3}:\frac{1}{15}=\frac{7}{\cancel{3}_{1}}\cdot\frac{\cancel{15}^{5}}{1}=35$

Aufgaben

24. Dividiere die Brüche.

a) $\frac{2}{3}:\frac{3}{5}$

b) $\frac{4}{7}:\frac{3}{4}$

c) $\frac{5}{9}:\frac{6}{7}$

d) $\frac{3}{7}:\frac{7}{3}$

e) $\frac{10}{7}:\frac{11}{15}$

f) $\frac{7}{11}:\frac{9}{8}$

g) $\frac{5}{12}:\frac{4}{13}$

h) $\frac{4}{5}:\frac{2}{4}$

i) $\frac{4}{7}:\frac{8}{14}$

25. Berechne das Ergebnis.

a) $\frac{2}{5}:3$

b) $\frac{4}{7}:5$

c) $\frac{8}{9}:7$

d) $4:\frac{1}{3}$

e) $6:\frac{1}{5}$

f) $3:\frac{2}{3}$

g) $\frac{3}{7}:6$

h) $9:\frac{3}{4}$

i) $\frac{12}{13}:9$

26. Wandle die gemischten Zahlen in unechte Brüche um und dividiere.

a) $2\frac{4}{5}:2$

b) $6\frac{2}{3}:3\frac{1}{6}$

c) $1\frac{1}{4}:3\frac{2}{5}$

d) $4\frac{2}{3}:2\frac{1}{6}$

e) $9\frac{5}{12}:3\frac{2}{3}$

f) $9\frac{2}{7}:3\frac{1}{14}$

Interaktive Aufgaben

7. Multiplikation
8. Division

Dezimalbrüche

Addition und Subtraktion von Dezimalbrüchen

Addiere bzw. subtrahiere Dezimalbrüche stellengerecht wie natürliche Zahlen.
Schreibe dabei **Komma unter Komma** und ergänze fehlende Endnullen, wenn nötig.

Beispiele:

a) $341{,}35+5\,024{,}16+4{,}98=$

$$\begin{array}{lr} & 341{,}35 \\ + & 5024{,}16 \\ + & 4{,}98 \\ \hline & 5370{,}49 \end{array}$$

b) $14\,321{,}8-5\,413{,}171-13{,}01=$

$$\begin{array}{lr} & 14\,321{,}800 \\ - & 5\,413{,}171 \\ - & 13{,}010 \\ \hline & 8\,895{,}619 \end{array}$$

Aufgaben

27. Addiere schriftlich.

a) $7{,}045+4{,}817+28{,}34+18{,}46$

b) $0{,}94+12{,}4+129{,}92+14{,}7$

c) $8{,}61+13{,}09+74{,}82+54{,}25$

d) $9{,}98+1{,}384+51{,}98+14{,}3+0{,}5$

e) $0{,}0025897+0{,}000369+0{,}5197$

f) $0{,}003601+0{,}0025+0{,}02587+0{,}004$

28. Subtrahiere schriftlich.

a) $40{,}6-23{,}2$

b) $556{,}1-56{,}21-6{,}22$

c) $100{,}5-12{,}698-0{,}056-8{,}53-17{,}026$

d) $95\,842-6\,398{,}5-4\,892{,}68-256{,}38-0{,}71$

e) $99{,}654-0{,}0258-30{,}098-5{,}0071$

f) $56\,236{,}4-4\,582{,}23-56{,}17-786{,}304-1$

Multiplikation und Division von Dezimalbrüchen

Multiplikation von Dezimalbrüchen
Multipliziere Dezimalbrüche, ohne auf das Komma zu achten. Das Produkt hat so viele Kommastellen wie die **Faktoren zusammen**.

Beispiele:

a) $14{,}\dot{1}\dot{9}\cdot 7{,}\dot{4}=105{,}\dot{0}\dot{0}\dot{6}$

b) $425{,}\dot{1}\dot{2}\dot{5}\cdot 0{,}\dot{3}\dot{1}=131{,}\dot{7}\dot{8}\dot{8}\dot{7}\dot{5}$

Division von Dezimalbrüchen
Dividiere Dezimalbrüche wie natürliche Zahlen. Wenn du das Komma im Dividenden **überschreitest**, musst du auch im Ergebnis ein Komma setzen.

Beachte: Im Divisor darf kein Komma stehen. Daher wird das Komma bei beiden Zahlen um so viele Stellen **nach rechts** verschoben, bis der Divisor eine natürliche Zahl ist.

Beispiel:
$4{,}875:1{,}5=48{,}75:15=3{,}25$

Aufgaben

29. Multipliziere schriftlich.

a) $41{,}6 \cdot 5$
b) $1{,}49 \cdot 7$
c) $36{,}5 \cdot 7{,}21$
d) $42{,}05 \cdot 1{,}7$
e) $7{,}63 \cdot 1{,}95$
f) $146{,}2 \cdot 1{,}88$
g) $84{,}39 \cdot 8{,}43$
h) $23{,}70 \cdot 0{,}095$
i) $8{,}92 \cdot 0{,}513$
j) $105{,}97 \cdot 4{,}03$
k) $47{,}103 \cdot 2{,}78$
l) $0{,}029 \cdot 3{,}08$
m) $0{,}008713 \cdot 0{,}0543$
n) $750{,}06 \cdot 0{,}039$
o) $6{,}25407 \cdot 3{,}1905$

30. Dividiere schriftlich.

a) $3{,}9 : 13$
b) $62{,}5 : 0{,}5$
c) $8{,}46 : 5$
d) $72 : 0{,}6$
e) $60 : 1{,}5$
f) $0{,}45 : 9$
g) $5 : 0{,}025$
h) $16{,}555 : 4{,}3$
i) $3{,}36 : 0{,}56$
j) $1 : 0{,}004$
k) $57{,}429 : 8{,}1$
l) $1{,}856 : 0{,}32$
m) $396{,}9972 : 81$
n) $8{,}369955 : 1{,}85$
o) $3{,}6963 : 0{,}008325$

Interaktive Aufgaben

1. Addieren
2. Subtrahieren
3. Multiplizieren
4. Dividieren

Rationale Zahlen

Addition und Subtraktion rationaler Zahlen

Addition zweier negativer rationaler Zahlen
Addiere die Zahlen ohne Vorzeichen. Das Ergebnis ist negativ.

Beispiel:
$(-17{,}9)+(-42{,}8)=-(17{,}9+42{,}8)=-60{,}7$

Addition einer positiven und einer negativen rationalen Zahl
Lasse die Vorzeichen weg und subtrahiere die jetzt kleinere Zahl von der größeren Zahl. Das Ergebnis erhält das Vorzeichen der größeren Zahl.

Beispiele:
a) $78{,}2+(-89{,}7)=-(89{,}7-78{,}2)=-11{,}5$
b) $-97{,}4+114{,}1=+(114{,}1-97{,}4)=+16{,}7$

Subtraktion rationaler Zahlen
Die Subtraktion einer rationalen Zahl erfolgt durch die Addition der Gegenzahl. Addiere dann wie gewohnt.

Beispiel:
$26{,}8-(-12{,}5)=26{,}8+(+12{,}5)=+39{,}3$

Beachte: Aufeinanderfolgende Vor- und Rechenzeichen können durch ein Rechenzeichen **ersetzt** werden. Dabei gilt: Sind Vor- und Rechenzeichen gleich, werden sie zu einem Plus-Rechenzeichen zusammengefasst, andernfalls zu einem Minus-Rechenzeichen.

Aufgaben

31. Berechne die Lösungen.

a) $66+(-79)$
b) $-74+(-81)$
c) $-57-(-94)$
d) $96+(-31)$
e) $-48-68$
f) $-84-22$
g) $-50+140$
h) $-106+195$
i) $-70+180$
j) $220-137$
k) $160-300$
l) $-389+476$
m) $-146-135$
n) $-528+650$
o) $-1\,094+734$
p) $9\,999-1\,111$
q) $-35-86$
r) $1\,111-9\,999$
s) $-86+35$
t) $35-86$
u) $743-832$

32. Löse die Aufgaben. Denke dabei an die Rechenregeln.

a) $-(-5{,}3)+(-5{,}3)$
b) $-(3{,}5-8{,}7)+17{,}4$
c) $3{,}2+(-10{,}4+4{,}1)$
d) $-2{,}3+(5{,}9-9{,}5)+3$
e) $-(-4{,}5+57)+52{,}4$
f) $-(1-2)-(3-4)-(5-6)+(7+8)$

Multiplikation und Division rationaler Zahlen

Stoßen bei der Multiplikation oder Division 2 gleiche Vorzeichen aneinander, so erhält das Ergebnis das Vorzeichen +, stoßen 2 verschiedene Vorzeichen aneinander, so erhält das Ergebnis das Vorzeichen –.

Multiplikation	**Division**
$\oplus \cdot \oplus = \oplus$	$\oplus : \oplus = \oplus$
$\ominus \cdot \ominus = \oplus$	$\ominus : \ominus = \oplus$
$\oplus \cdot \ominus = \ominus$	$\oplus : \ominus = \ominus$
$\ominus \cdot \oplus = \ominus$	$\ominus : \oplus = \ominus$

Beispiele:

a) $2{,}86 \cdot (-4{,}8) = -13{,}728$

b) $(-16{,}4) : (-4{,}1) = +4$

c) $(-11{,}21) \cdot (-3{,}25) = +36{,}4325$

d) $(-55{,}5) : 5 = -11{,}1$

e) $(-2{,}1) \cdot 3{,}81 \cdot (-4) = +32{,}004$

f) $\left(-\frac{2}{3}\right) \cdot \frac{9}{14} = -\left(\frac{\cancel{2}^{1}}{\cancel{3}_{1}} \cdot \frac{\cancel{9}^{3}}{\cancel{14}_{7}}\right) = -\frac{3}{7}$

Aufgaben

33. Multipliziere.

a) $2 \cdot (-3)$
b) $-8 \cdot (-9)$
c) $-20 \cdot 15$
d) $-3 \cdot 4$
e) $9 \cdot (-7)$
f) $-20 \cdot (-15)$
g) $-4 \cdot (-5)$
h) $-9 \cdot (-9)$
i) $20 \cdot 15$
j) $12 \cdot (-4)$
k) $5 \cdot (-15)$
l) $9 \cdot (-14)$
m) $-7 \cdot 11$
n) $16 \cdot (-6)$
o) $-14 \cdot (-8)$
p) $-4 \cdot (-13)$
q) $-7 \cdot (-17)$
r) $3 \cdot (-33)$
s) $3 \cdot (-3)$
t) $-13 \cdot (-13)$
u) $33 \cdot (-7)$

34. Dividiere.

a) $32:(-8)$
b) $-55:(-5)$
c) $-81:(-9)$
d) $-49:7$
e) $63:(-7)$
f) $81:(-9)$
g) $-48:(-6)$
h) $-63:(-7)$
i) $81:9$
j) $726:(-33)$
k) $-858:(-66)$
l) $-4\,802:49$
m) $-484:44$
n) $5\,092:(-76)$
o) $-1\,491:71$
p) $-935:55$
q) $1\,104:(-23)$
r) $2\,378:(-58)$

35. Löse die Aufgaben. Denke dabei an die Rechenregeln.

a) $-8{,}25\cdot 4+6{,}7\cdot 3{,}5-8{,}2+6{,}7\cdot 2{,}7$
b) $18{,}7\cdot 4{,}3-2{,}1\cdot 3{,}9+1{,}4-6\cdot 3{,}9$
c) $-0{,}4\cdot 1{,}5-1{,}5-6{,}8\cdot 0{,}5+2{,}5$
d) $3{,}6+2{,}8\cdot(2{,}2-12{,}2)+3{,}9\cdot(8{,}2-22{,}2)$
e) $-(4{,}2+13{,}5)+8{,}2-6{,}9\cdot(0{,}8+12{,}2)$
f) $4{,}5\cdot(0{,}4-0{,}8)-2{,}7-1{,}5\cdot(-7{,}3+8{,}7)$

36. Runde das Ergebnis und eventuelle Zwischenergebnisse auf 2 Stellen nach dem Komma.

a) $-65{,}27-64{,}27:(-4{,}32)+28{,}3\cdot(-0{,}75)$
b) $(-3{,}75):4{,}2-4{,}2\cdot 2{,}23+(-3{,}98)\cdot(-7{,}63)$
c) $-248{,}69-303{,}49:(-0{,}75)+183{,}4\cdot(-18{,}3)$
d) $0{,}48\cdot(-13{,}65)+4{,}65:0{,}75-3{,}75-4{,}9\cdot 14{,}35$
e) $-3{,}72-18{,}3+4{,}07\cdot(-7{,}04)+12{,}53:(-0{,}75)+10$
f) $82+18\cdot(-5{,}75)-(-12{,}6):(-0{,}3)+2{,}62\cdot 7{,}85$
g) $-924{,}8-632{,}9:194{,}39-58{,}37:4{,}98+23{,}8\cdot(-6{,}81)$
h) $-35:(-0{,}064)-7{,}9-7{,}8:0{,}63+24{,}98:(-0{,}35)$
i) $85{,}69\cdot(-4{,}58)+8{,}61:(-0{,}87)-30{,}91:4{,}73-4{,}5\cdot(-0{,}31)$

Interaktive Aufgaben

1. Ganze Zahlen addieren und subtrahieren
2. Rationale Zahlen addieren und subtrahieren
3. Rationale Zahlen mit Klammern
4. Ganze Zahlen multiplizieren und dividieren
5. Rationale Zahlen multiplizieren und dividieren

Potenzen und Wurzeln

Quadratzahlen und Wurzeln

Wird eine Zahl mit sich selbst multipliziert, so erhält man das **Quadrat** der Zahl. Die Quadrate der natürlichen Zahlen von 0 bis 20 solltest du auswendig kennen:

$1^2=1$	$2^2=4$	$3^2=9$	$4^2=16$
$5^2=25$	$6^2=36$	$7^2=49$	$8^2=64$
$9^2=81$	$10^2=100$	$11^2=121$	$12^2=144$
$13^2=169$	$14^2=196$	$15^2=225$	$16^2=256$
$17^2=289$	$18^2=324$	$19^2=361$	$20^2=400$

$\sqrt{a}$ ist die nichtnegative Zahl, deren Quadrat a ist. Sie heißt **Quadratwurzel aus a**.

Beachte: Das Wurzelziehen aus negativen Zahlen ist nicht zulässig.

Beispiele:

a) $\sqrt{25}=5$ denn $5^2=25$

b) $\sqrt{196}=14$ denn $14^2=196$

c) $\sqrt{0,36}=0,6$ denn $0,6^2=0,36$

d) $\sqrt{0}=0$ denn $0^2=0$

Aufgaben

37. Quadriere.

a) 4^2 b) 5^2 c) 37^2
d) $(-6)^2$ e) $(-17)^2$ f) $1\,000^2$
g) $0,3^2$ h) $0,9^2$ i) $(-0,11)^2$
j) $0,37^2$ k) $(-0,5)^2$ l) $0,006^2$

38. Bestimme die dazugehörigen Quadratzahlen im Kopf.

a) 11 b) 12 c) 14
d) 1,5 e) 0,1 f) 0,5
g) $\frac{1}{3}$ h) $\frac{3}{4}$ i) $\frac{5}{9}$
j) $\frac{1}{4}$ k) $\frac{2}{5}$ l) $\frac{2}{7}$

39. Bestimme die Quadratwurzeln im Kopf.

a) $\sqrt{16}$ b) $\sqrt{49}$ c) $\sqrt{64}$
d) $\sqrt{81}$ e) $\sqrt{100}$ f) $\sqrt{196}$
g) $\sqrt{225}$ h) $\sqrt{625}$ i) $\sqrt{900}$

40. Berechne die Wurzeln der Brüche.

a) $\sqrt{\frac{9}{16}}$ b) $\sqrt{\frac{1}{9}}$ c) $\sqrt{\frac{1}{36}}$

d) $\sqrt{\frac{1}{121}}$ e) $\sqrt{\frac{49}{100}}$ f) $\sqrt{\frac{16}{25}}$

41. Bestimme die Wurzeln der Dezimalbrüche.

a) $\sqrt{0,04}$ b) $\sqrt{0,25}$ c) $\sqrt{0,64}$

d) $\sqrt{0,81}$ e) $\sqrt{2,25}$ f) $\sqrt{1,69}$

g) $\sqrt{1,44}$ h) $\sqrt{2,89}$ i) $\sqrt{0,0004}$

Potenzen und Zehnerpotenzen

Eine **Potenz** ist folgendermaßen aufgebaut:

Basis (Grundzahl) → a^n ← Exponent (Hochzahl)

Der Exponent gibt an, wie oft die Basis als Faktor steht.

Beispiel:
$4^3 = 4 \cdot 4 \cdot 4 = 64$

Zehnerpotenzen bezeichnen Potenzen mit der Basis 10.

Beispiele:

a) $10^0 = 1$

b) $10^1 = 10$ Exponent 1 bedeutet 1 Null im Ergebnis.

c) $10^2 = 10 \cdot 10 = 100$ Exponent 2 bedeutet 2 Nullen im Ergebnis.

d) $10^3 = 10 \cdot 10 \cdot 10 = 1\,000$ Exponent 3 bedeutet 3 Nullen im Ergebnis.

e) $10^{-1} = \frac{1}{10} = 0,1$ Exponent –1 bedeutet 1 Nachkommastelle im Ergebnis.

f) $10^{-2} = \frac{1}{100} = 0,01$ Exponent –2 bedeutet 2 Nachkommastellen im Ergebnis.

g) $10^{-3} = \frac{1}{1\,000} = 0,001$ Exponent –3 bedeutet 3 Nachkommastellen im Ergebnis.

Große Zahlen werden häufig als Produkt aus einer Zahl zwischen 1 und 10 und einer Zehnerpotenz mit **positivem** Exponenten dargestellt. **Kleine Zahlen** werden als Produkt aus einer Zahl zwischen 1 und 10 und einer Zehnerpotenz mit **negativem** Exponenten dargestellt.

Beispiele:

a) $3\,000\,000 = 3 \cdot 10^6$ b) $720\,000\,000 = 7,2 \cdot 10^8$

c) $0,000072 = 7,2 \cdot 10^{-5}$ d) $0,04 = 4 \cdot 10^{-2}$

Aufgaben

42. Schreibe ausführlich und berechne.

a) 5^3 b) 2^5 c) 3^4

43. Bestimme x jeweils durch Überlegen.

a) $\sqrt{x} = 8$ b) $2^x = 16$ c) $x^3 = 27$

44. Multipliziere im Kopf.

a) $9{,}8 \cdot 10$ b) $5{,}44 \cdot 10$ c) $0{,}035 \cdot 10$

d) $12{,}5 \cdot 100$ e) $8{,}92 \cdot 100$ f) $9{,}45 \cdot 1\,000$

g) $2{,}39 \cdot 1\,000$ h) $0{,}236 \cdot 100$ i) $12{,}987 \cdot 1\,000$

j) $0{,}2345 \cdot 1\,000$ k) $12{,}46 \cdot 10$ l) $65{,}643 \cdot 100$

m) $9{,}56 \cdot 1\,000$ n) $95{,}9 \cdot 1\,000$ o) $5{,}673 \cdot 10\,000$

45. Dividiere im Kopf.

a) $52{,}5 : 10$ b) $3{,}9 : 10$ c) $0{,}67 : 10$

d) $149{,}5 : 100$ e) $156{,}3 : 100$ f) $12{,}9 : 1\,000$

g) $29\,560 : 1\,000$ h) $29{,}56 : 1\,000$ i) $237{,}086 : 1\,000$

j) $9\,000{,}56 : 10\,000$ k) $567{,}34 : 1\,000$ l) $0{,}562 : 100$

46. Schreibe jeweils als Zehnerpotenz mit einer führenden Stelle und einer Nachkommastelle. Runde die Zahlen dazu erst passend.

a) 97 345 746 234 b) 3 869 765 876 234 198

c) 80 578 234,545 d) 99 999 999 999 999,899

47. Schreibe jeweils als Zehnerpotenz mit einer führenden Stelle und einer Nachkommastelle.

a) 0,000000703 b) 0,000035

c) 0,009098 d) 0,000000000999908

48. Schreibe ohne Zehnerpotenzen.

a) $34{,}72 \cdot 10^7$ b) $0{,}48 \cdot 10^6$ c) $987 \cdot 10^8$

d) $5{,}75 \cdot 10^5$ e) $1{,}7 \cdot 10^9$ f) $27 \cdot 10^{-7}$

g) $76{,}23 \cdot 10^{-6}$ h) $0{,}094 \cdot 10^{-8}$ i) $2{,}22 \cdot 10^{-9}$

49. Die mittlere Entfernung von der Erde zur Sonne beträgt 146 600 000 000 m. Schreibe die Entfernung als Zehnerpotenz.

Interaktive Aufgaben

1. Quadratzahlen
2. Wurzeln
3. Potenzen berechnen
4. Exponent bestimmen
5. Zehnerpotenzen

Terme und Gleichungen

Terme zusammenfassen

Zahlen und Variablen sowie Verbindungen daraus werden als **Terme** bezeichnet. Terme mit gleichen Variablen nennt man **gleichartig**.

Beispiele:

a) Terme: $5;\ x;\ 3x;\ 2x+5;\ 3x-2xy+7$

b) gleichartige Terme: $3x;\ \frac{1}{2}x;\ -2{,}5x$ oder $-15a;\ 16a;\ \frac{4}{3}a$

c) verschiedenartige Terme: $9x^2;\ 4x;\ 2px$

Regeln zum Vereinfachen von Termen

- Gleichartige Terme werden **addiert** bzw. **subtrahiert**, indem man ihre Koeffizienten addiert bzw. subtrahiert.
- Eine „**Plusklammer**“ wird **aufgelöst**, indem man die Klammer einfach weglässt.
- Eine „**Minusklammer**“ wird **aufgelöst**, indem man die Klammer weglässt und jedem Glied innerhalb der Klammer das entgegengesetzte Vorzeichen gibt.
- Terme mit mehreren Faktoren können zu einem **Produkt** zusammengefasst werden, unabhängig von der Tatsache, ob die einzelnen Glieder gleichartig sind oder nicht.
- Ein Produkt, das aus mehreren **gleichen Faktoren** besteht, kann als Potenz geschrieben werden.
- Beim **Ausmultiplizieren** von Klammern wird jeder Summand in der Klammer mit dem Faktor vor der Klammer multipliziert.

Beispiele:

a) $2x+5y+4x-3y=(2+4)x+(5-3)y=6x+2y$

b) $7a+(3b-2c+4a)=7a+3b-2c+4a=11a+3b-2c$

c) $18y-(0{,}5x-3{,}4z)+2y=18y-0{,}5x+3{,}4z+2y=20y-0{,}5x+3{,}4z$

d) $4a\cdot 3b=4\cdot 3\cdot a\cdot b=12ab$

e) $x\cdot x\cdot x=x^3$

f) $6x(4-y)=6x\cdot 4-6x\cdot y=24x-6xy$

Aufgaben

50. Fasse die Terme soweit wie möglich zusammen.

a) $5a-b+2a+3b$

b) $9y+12-3y-4-2y$

c) $7x+4y-2\cdot 3x-10-y$

d) $8a+7b+5-5a+4a-5b+1+b$

51. Löse die Klammern auf und vereinfache dann soweit wie möglich.

a) $12+(x-3)$
b) $15-(4x-20)$
c) $9x+(7x-2)-12$
d) $(9x-7)-(5x-16)$
e) $36-(9x-12)+(10x-17)$
f) $(24x+17)-(9x-3)-(2x+12)$

52. Löse die Klammern auf und fasse zusammen.

a) $2(7+x)$
b) $(5-3x)\cdot 12$
c) $3(4x+15)-20$
d) $8(x+5)-(3x-2)$
e) $6(3x-4)+(4x-1)\cdot 3$
f) $5(20-7x)-2(3x-20)$
g) $25-(4x+9)-2(3x-12)$
h) $\frac{1}{2}(6x-4)-\frac{2}{3}(18-12x)$

Gleichungen lösen

Man kann eine Gleichung vereinfachen, indem man
- auf **beiden Seiten** dasselbe addiert oder subtrahiert.
- **beide Seiten** mit derselben von Null verschiedenen Zahl multipliziert oder durch dieselbe von Null verschiedene Zahl dividiert.

Beispiel:

$$
\begin{aligned}
7x+6&=20 && |-6\\
7x&=14 && |:7\\
x&=2
\end{aligned}
$$

Bei komplexeren Gleichungen musst du zuerst beide Seiten zusammenfassen.

Beispiel:

$$
\begin{aligned}
6x-5(3x-2)&=11x+5(4x-5)-5x && |\text{ Klammern auflösen}\\
6x-15x+10&=11x+20x-25-5x && |\text{ gleiche Terme zusammenfassen}\\
-9x+10&=26x-25 && |-26x\\
-35x+10&=-25 && |-10\\
-35x&=-35 && |:(-35)\\
x&=1
\end{aligned}
$$

Mache nach dem Lösen der Gleichung immer eine **Probe**. Setze dazu die Lösung in die Ausgangsgleichung ein. Auf beiden Seiten muss das gleiche Ergebnis herauskommen.

Beispiel:

$$
\begin{aligned}
6\cdot 1-5(3\cdot 1-2)&\stackrel{?}{=}11\cdot 1+5(4\cdot 1-5)-5\cdot 1\\
6-5\cdot 1&\stackrel{?}{=}11+5\cdot(-1)-5\\
1&=1 && \text{wahre Aussage}
\end{aligned}
$$

Aufgabe

53. Löse die Gleichungen.

a) $9x + 7 = 7x - 16 + 13$

b) $\frac{x}{2} - 2 = 15$

c) $12x + 17 - 6x - 5 = 18x + 24 + 6x + 12$

d) $5z - 1 + 2z - 3 = 2$

e) $-81 - 4x + 11 = 6x + 10 + 30x$

f) $(x + 3) + 7 = 0$

g) $(3x + 4) - (x - 3) = 14$

h) $3(x - 1) + \frac{1}{2}(4 - 6x) + x = 28$

Von der Textform in die Zahlenform

Terme und Gleichungen in Textform musst du zuerst in die Sprache der Mathematik übersetzen.

Variable, x	eine unbekannte Zahl, eine bestimmte Zahl, eine gedachte Zahl
Addition, addieren, +	eine Zahl um 5 vermehren, eine Zahl um 5 vergrößern, die Summe aus einer Zahl und 5 bilden
Subtraktion, subtrahieren, –	eine Zahl um 5 vermindern, eine Zahl um 5 verkleinern, die Differenz aus einer Zahl und 5 bilden
Multiplikation, multiplizieren, ·	eine Zahl mit 5 vervielfachen, das 5-Fache einer Zahl, das Produkt aus einer Zahl und 5 bilden
Division, dividieren, :	eine Zahl durch 5 teilen, ein Fünftel einer Zahl, der fünfte Teil einer Zahl, der Quotient aus einer Zahl und 5

Aufgaben

54. Übersetze in die Sprache der Mathematik.

a) Eine Zahl vermehrt um 3.

b) Addiere zu einer Zahl 12.

c) Die Summe aus einer Zahl und 45.

d) Die Summe aus 37 und einer Zahl.

e) Eine Zahl vermindert um 9.

f) Subtrahiere 7 von einer Zahl.

g) Subtrahiere eine Zahl von 7.

h) Die Differenz aus einer Zahl und 14.

i) Das 5-Fache einer Zahl.

j) Das Produkt aus einer Zahl und 35.

k) Vervielfache eine Zahl mit 10.

l) Das 7-Fache einer Zahl multipliziert mit 12.

m) Die Hälfte einer Zahl.

n) Der vierte Teil einer Zahl.

o) Dividiere eine Zahl durch 25.

p) Dividiere 25 durch eine Zahl.

q) Der Quotient aus 66 und einer Zahl.

r) Der Quotient aus einer Zahl und 66.

s) Teile das 17-Fache einer Zahl durch 100.

55. Übersetze in die Sprache der Mathematik und vereinfache die Terme, wenn möglich.

a) Multipliziere die Summe der Zahlen 28 und 172 mit der 8-Fachen Differenz aus einer Zahl und 7.

b) Dividiere die Summe aus dem 12-Fachen einer Zahl und 34 durch die 24-Fache Differenz der Zahlen 321 und 123.

c) Addiere das 5-Fache Produkt aus dem 12-Fachen einer Zahl und 7 zur 8-Fachen Differenz aus 25 und dem 4-Fachen der Zahl.

d) Multipliziere die Differenz aus den Zahlen 12,675 und 22,075 mit der doppelten Summe aus 20 und dem 10-Fachen einer Zahl.

e) Subtrahiere von der 8-Fachen Differenz aus einer Zahl und 25 die 12-Fache Summe aus dem dritten Teil der Zahl und 15.

f) Bilde die Differenz aus dem 10-Fachen Produkt einer Zahl und 5 und der doppelten Summe aus 40 und der um 12 vermehrten Zahl.

56. Stelle die Gleichungen auf und löse sie.

a) Das 5-Fache einer Zahl vermehrt um 18 ergibt genauso viel, wie das Doppelte dieser Zahl.

b) Das 4-Fache einer Zahl vermindert um 3 ergibt genauso viel, wie das Doppelte der Zahl vermehrt um 9.

c) Wenn man das 8-Fache einer Zahl um 9 vergrößert, erhält man dasselbe, wie wenn man von 27 das Doppelte dieser Zahl abzieht.

d) Zieht man vom 3-Fachen einer Zahl 15 ab und addiert anschließend das 7-Fache der Zahl, erhält man als Ergebnis 55.

57. Frau Müller fährt im Frühjahr in die Werkstatt zum Reifenwechsel. Sie benötigt 4 neue Sommerreifen. Die Montage kostet 18 €. Insgesamt muss sie 278 € bezahlen.
Berechne den Preis für einen Sommerreifen. Stelle dazu eine Gleichung auf.

58. Maurice kauft beim Bäcker 5 Brötchen und ein Brot. Das Brot kostet 2,40 €. Er bezahlt zusammen 4,65 €.
Berechne den Preis für ein Brötchen mithilfe einer Gleichung.

59. Ein gleichseitiges Dreieck hat einen Umfang von 45 cm.
Stelle eine Gleichung auf und berechne die Länge einer Seite.

Interaktive Aufgaben

1. Term zusammenfassen
2. Term vereinfachen I
3. Term vereinfachen II
4. Gleichung lösen
5. Term aufstellen
6. Gleichung aufstellen und lösen

Umrechnungen von Größen

Längenmaße

dividieren →

mm — 10 — cm — 10 — dm — 10 — m — 1 000 — km

← multiplizieren

Beispiele:

a) 600 mm = 600 : 10 cm = 60 cm

b) 15,8 m = 15,8 · 100 cm = 1 580 cm

Aufgabe

60. Fülle die Tabellen aus.

a)

mm	cm	dm
750		
		9,5
	6,5	

b)

cm	dm	m
825		
		0,875
	4,28	

c)

m	cm	mm
		290
0,85		
		23

Flächenmaße

dividieren →

mm^2 — 100 — cm^2 — 100 — dm^2 — 100 — m^2 — 100 — a — 100 — ha — 100 — km^2

← multiplizieren

Abkürzungen:
1 a = 1 Ar
1 ha = 1 Hektar

Beispiele:

a) 895 410 cm^2 = 895 410 : 100 dm^2 = 8 954,1 dm^2

b) 7,15 m^2 = 7,15 · 100 dm^2 = 715 dm^2

Aufgabe

61. Ergänze die Tabellen.

a)

dm^2	cm^2	mm^2
0,21		
	500	
		7 825

b)

m^2	dm^2	cm^2
	45	
		500
3,25		

c)

km^2	ha	a
32		
	7 800	
		540

Raummaße (Volumeneinheiten)

dividieren →

mm^3 — 1 000 — cm^3 — 1 000 — dm^3 — 1 000 — m^3

← multiplizieren

weitere Umrechnungen:

$1\,\ell \triangleq 1\,dm^3$

$1\,m\ell \triangleq 1\,cm^3$

$1\,\ell = 1\,000\,m\ell$

$1\,h\ell = 100\,\ell$

Beispiele:

a) $1{,}3\,m^3 = 1{,}3 \cdot 1\,000\,dm^3 = 1\,300\,dm^3 = 1\,300\,\ell$

b) $4\,000\,\ell = 4\,000\,dm^3 = 4\,000 : 1\,000\,m^3 = 4\,m^3$

Aufgabe

62. Vervollständige die Tabellen.

a)

dm^3	cm^3	mm^3
7		
	400	
		7 500

b)

m^3	dm^3	cm^3
4,5		
	12	
		980 000

c)

m^3	$h\ell$	ℓ
6,01		
	12,75	
		150 000

Masseeinheiten

dividieren →

mg — 1 000 — g — 1 000 — kg — 1 000 — t

← multiplizieren

Beispiele:

a) 28 125 g = 28 125 : 1 000 kg = 28,125 kg

b) 3,45 t = 3,45 · 1 000 kg = 3 450 kg

Aufgaben

63. Wandle die Angaben jeweils in die Einheit um, die in der Klammer steht.

a) 7,6 kg (g)
b) 379 g (kg)
c) 6,5 g (mg)
d) 6 700 mg (g)
e) 250 mg (g)
f) 8 349 kg (t)
g) 2,95 t (kg)
h) 0,015 t (kg)
i) 0,004 kg (mg)

64. Wandle in die größere Einheit um und berechne.

a) 5,436 kg + 672 g b) 8 750 g − 6,435 kg

c) 12,450 t − 2 375 kg d) 250 t − 250 kg

e) 43 g + 2 500 mg f) 7,05 g − 3 580 mg

Zeiteinheiten

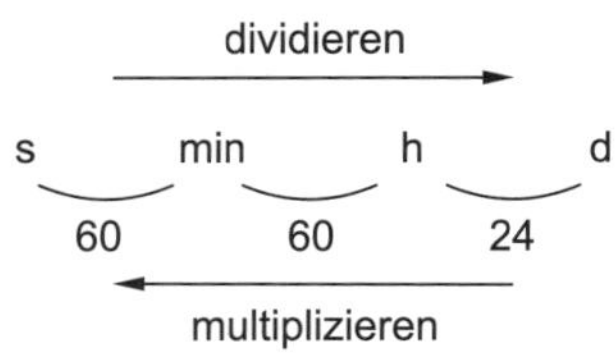

Abkürzungen:
1 d = 1 Tag
1 h = 1 Stunde
1 min = 1 Minute
1 s = 1 Sekunde

Beispiele:

a) 2 d = 2 · 24 h = 48 h

b) 7 min 13 s = 7 · 60 s + 13 s = 420 s + 13 s = 433 s

c) 290 s = 240 : 60 min + 50 s = 4 min 50 s

Aufgaben

65. Wandle in die angegebenen Zeiteinheiten um.

a) 6 h (min) b) 600 s (min) c) 25 min (s)

d) $2\frac{1}{2}$ d (h) e) 30 min (h) f) $1\frac{3}{4}$ d (min)

66. Fülle die Tabelle aus.

Abfahrt	13:45 Uhr		6:12 Uhr		19:10 Uhr	
Ankunft	21:15 Uhr	8:45 Uhr	11:38 Uhr	4:20 Uhr	2:55 Uhr	9:09 Uhr
Fahrzeit		8 h 35 min		6 h 55 min		12 h 7 min

67. Berechne. Achte dabei auf die Einheiten.

a) 3,4 km + 250 m + 3 500 dm = ________ m

b) 2 500 km^2 + 250 ha + 250 a = ________ ha

c) 1 700 mm^2 − 7 cm^2 + 70 dm^2 = ________ cm^2

d) 3 000 cm^3 + 2 ℓ + 5,5 m^3 = ________ ℓ

e) 4 500 mm^3 − 0,5 cm^3 + 1 dm^3 = ________ cm^3

f) 0,5 t + 4 500 g + 95,5 kg = ________ kg

68. Ordne jeweils die richtige Einheit zu.

a) Ein Eimer hat ein Fassungsvermögen von 10 _____.

b) Der Unterarm eines Erwachsenen ist ca. 30 _____ lang.

c) In eine Badewanne passen ca. 160 000 _____ Wasser.

d) Ein 5-€-Schein hat eine Fläche von 74,4 _____.

e) Ein Fahrradreifen hat einen Durchmesser von ca. 630 _____.

Interaktive Aufgaben

1. Längenmaße umrechnen
2. Flächenmaße umrechnen
3. Raummaße umrechnen
4. Zeiteinheiten umrechnen
5. Masseeinheiten umrechnen

Proportionalität und Antiproportionalität

Proportionale Zuordnungen

Liegt eine Zuordnung vor, bei der die 1. Größe im gleichen Verhältnis wächst wie die 2. Größe, dann spricht man von einer **Proportionalität**.

Beispiel:
8 Rollen Tapete kosten 62,40 €.
Wie viel kosten 13 Rollen?

Verdoppelt man die Warenmenge, dann verdoppelt sich auch der Preis.
Die Berechnung erfolgt über den **Dreisatz:**

	Anzahl der Rollen	Preis	
	8	62,40 €	
:8	1	7,80 €	:8
· 13	13	101,40 €	· 13

13 Rollen Tapete kosten 101,40 €.

Beachte: An den Pfeilen wird rechts und links immer die gleiche Rechenoperation durchgeführt.

Aufgaben

69. Für eine Fahrstrecke von 350 km benötigt Herr Breu mit seinem Auto 28 ℓ Superbenzin.

a) Berechne, mit wie vielen Litern Superbenzin er für eine Fahrstrecke von 270 km rechnen muss.

b) Herr Breu hat 35 ℓ Benzin verbraucht. Berechne, welche Strecke er zurückgelegt hat.

70. Ein quaderförmiges Schwimmbecken wird gefüllt. Nach 90 Minuten steht das Wasser 36 cm hoch.
Berechne, nach wie vielen Minuten das Schwimmbecken bis auf eine Höhe von 1,7 m gefüllt ist.

71. Beim Bau eines Tunnels schafft eine Maschine in 4 Stunden 120 cm.

a) Berechne, wie viel Meter die Maschine in 9 Stunden schafft.

b) Gib die Arbeitszeit an, die für einen 180 m langen Tunnel benötigt wird.

72. Eine Mauer von 15 m Länge kann in 10 Tagen errichtet werden.
Berechne, wie viele Tage für eine gleich starke Mauer mit einer Länge von 21 m benötigt werden.

73. Sebastian legt mit seinem Mountainbike eine Strecke von 8,5 km in 34 Minuten zurück.

a) Gib seine Durchschnittsgeschwindigkeit in km/h (Kilometer pro Stunde) an.

b) Berechne, wie weit er bei gleicher Durchschnittsgeschwindigkeit in 42 (50, 8, 120) Minuten fährt.

74. Esra möchte für einen Urlaub in Thailand 45 € in Thai Baht wechseln. Ihre Mutter erhielt für 600 € auf der Bank 21 000 Thai Baht.
Berechne, wie viele Thai Baht Esra bekommt.

75. 500 g Schinken kosten beim Metzger 8,50 €. Frau Hoffmann kauft Schinken für 3,74 €.
Berechne, wie viel Gramm sie erhält.

Antiproportionale Zuordnungen

Liegt eine Zuordnung vor, bei der die 1. Größe wächst und die 2. Größe im gleichen Verhältnis fällt, dann spricht man von einer **Antiproportionalität**.

Beispiel:
3 Pumpen benötigen zum Leeren eines Wasserbeckens 15 Stunden.
Wie lange brauchen 5 Pumpen gleicher Leistung für dasselbe Becken?

Vergrößert man die Anzahl der Pumpen, verringert sich die Zeit im gleichen Verhältnis.
Die Berechnung erfolgt über den **Dreisatz:**

	Anzahl der Pumpen	Zeit	
	3	15 h	
:3	1	45 h	· 3
· 5	5	9 h	:5

5 Pumpen brauchen 9 Stunden.

Beachte: An den Pfeilen wird rechts und links immer die entgegengesetzte Rechenoperation durchgeführt.

Aufgaben

76. 4 Maschinen erledigen einen Auftrag in 9 Stunden.
Berechne, wie lange 6 Maschinen für den gleichen Auftrag bräuchten.

77. 3 Bagger ziehen einen Graben in 60 Stunden.
Berechne, in welcher Zeit 5 Bagger die gleiche Arbeit verrichten könnten.

78. Wenn Anja im Urlaub täglich 7,50 € von ihrem Taschengeld ausgibt, reicht ihr Geld für 14 Tage. Das Taschengeld ist aber bereits nach 10 Tagen ausgegeben.
Berechne, wie viel Geld Anja durchschnittlich pro Tag ausgegeben hat.

79. In einem Wohnhaus werden im Winter täglich 60 ℓ Heizöl benötigt. Bei diesem Verbrauch reicht der Vorrat für 140 Tage.

a) Berechne, wie lange der Vorrat reicht, wenn täglich 75 ℓ verbraucht werden.

b) Gib an, wie viele Liter täglich verbraucht werden dürfen, wenn der Vorrat 150 Tage reichen soll.

80. Für den Besuch einer Gedenkstätte wird für die 50 Schülerinnen und Schüler der Klassen 9a und 9c ein Bus gemietet. Wenn alle mitfahren, kostet die Fahrt 13,50 € pro Person.

a) Es fahren nur 45 Jugendliche mit.
Berechne die Fahrtkosten für eine Person.

b) Berechne die Anzahl der Personen, wenn der Fahrpreis 12,50 € pro Person beträgt.

81. 24 Arbeiter können einen Bauauftrag in 8 Tagen ausführen. Nach 2 Arbeitstagen werden 8 Arbeiter abgezogen.

a) Berechne, wie lange die verbliebenen Arbeiter brauchen, um den Auftrag zu beenden.

b) Gib an, um wie viele Tage sich der Bauauftrag verzögert.

82. Ein Dachdecker bestellt für ein 150 m^2 großes Dach 2 700 Dachziegel.
Berechne, wie viele Dachziegel er für ein Dach von 240 m^2 benötigt.

83. Frau Meurer bekommt für 37,5 Stunden Arbeit einen Lohn von 397,50 €.
Berechne die Höhe ihres Lohns für 44 Stunden Arbeit.

84. Für das Deutsche Sportabzeichen in Gold muss Stefanie 3 000 m in etwa 19 Minuten laufen. Eine Runde auf dem Sportplatz ist 400 m lang.
Berechne, wie viel Zeit sie durchschnittlich für eine Runde hat.

85. Eine Busreise kostet für eine Gruppe von 50 Personen 51,98 € pro Person. 6 Personen fallen wegen Krankheit aus.
Berechne den Betrag, den nun jede Person, die mitfährt, zahlen muss.

86. Wenn eine 40-Watt-Glühlampe 240 Stunden lang brennt, betragen die Kosten für die elektrische Energie 2,88 €.
Berechne, wie lang eine 5-Watt-LED-Lampe bei gleichen Energiekosten brennen kann.

87. Familie Schwarze plant ihren Sommerurlaub. Wenn die täglichen Kosten 120 € betragen, reicht das gesparte Urlaubsgeld für 14 Tage.
Berechne den Betrag, den Familie Schwarze täglich zur Verfügung hat, wenn sie 3 Wochen in Urlaub fahren will.

88. Bei einem Benzinverbrauch von 3,5 ℓ auf 100 km kann Franziska mit ihrem Motorrad 360 km weit fahren. Fährt eine 2. Person mit, beträgt der Benzinverbrauch 4,5 ℓ auf 100 km.
Berechne, welche Strecke Franziska dann mit einer Tankfüllung zurücklegen kann.

Interaktive Aufgaben

1. Joghurt
2. Parkett
3. Waschmaschinen
4. Renovierung

Prozent- und Zinsrechnung

Prozentrechnung

Beim Rechnen mit Prozenten benötigst du 3 Begriffe:
Grundwert (Ausgangswert, das Ganze, entspricht immer 100 %)
Prozentsatz (immer zu erkennen am Prozentzeichen %)
Prozentwert (ist ein Teil des Grundwertes)

Beispiel:
25 % von 1 000 m sind 250 m.
Grundwert: 1 000 m
Prozentsatz: 25 %
Prozentwert: 250 m

Folgende **bequeme Prozentsätze** solltest du auswendig kennen:

1 %	vom Grundwert ist der 100. Teil des Grundwerts.
10 %	vom Grundwert ist der 10. Teil des Grundwerts.
25 %	vom Grundwert ist der 4. Teil des Grundwerts.
$33\frac{1}{3}$ %	vom Grundwert ist der 3. Teil des Grundwerts.
50 %	vom Grundwert ist die Hälfte des Grundwerts.

Die Berechnung der einzelnen Werte erfolgt über den **Dreisatz**.

Prozentwert

Beispiel:
Ein Pkw kostet 21 500 €. Bei Barzahlung gibt der Händler 4 % Rabatt.
Berechne, wie viel der Kunde sparen kann.

	Prozent	Preis	
	100 %	21 500 €	
: 100	1 %	215 €	: 100
· 4	4 %	860 €	· 4

Der Kunde kann bei Barzahlung 860 € sparen.

Prozentsatz

Beispiel:
Bei einer Fahrt ins Schullandheim können von 27 Schülern 3 Schüler wegen Krankheit nicht teilnehmen. Gib in Prozent an.

	Anzahl der Schüler	Prozent	
	27	100 %	
: 27	1	≈ 3,7 %	: 27
· 3	3	≈ 11,1 %	· 3

Grundwert

Beispiel:

Ein Auszubildender spart jeden Monat 42 €. Das sind 12 % seines Lohnes.
Berechne seinen Monatslohn.

	Prozent	Geld	
: 12	12 %	42 €	: 12
· 100	1 %	3,50 €	· 100
	100 %	350 €	

Er hat einen Monatslohn von 350 €.

Aufgaben

89. Sonja will sich ein neues Fahrrad für 857 € kaufen. Wegen eines kleinen Lackfehlers gewährt der Händler einen Preisnachlass von 18 %. Berechne Sonjas Ersparnis.

90. Sven kauft im Ausverkauf einen BluRay-Player für 100,80 €. Das sind 70 % des ursprünglichen Preises.
Berechne den Preis des BluRay-Players vor dem Ausverkauf.

91. Von den 300 Büchern der Schülerbücherei sind 36 Bücher Abenteuerromane.
Berechne den prozentualen Anteil der Abenteuerromane an allen Büchern.

92. Fülle die Tabelle aus.

	a)	b)	c)	d)	e)	f)	g)	h)
Grundwert	32 €	78 €	120 €	240 €		1 050 €		
Prozentsatz	15 %	64 %	37 %		11 %		72 %	107 %
Prozentwert				206,40 €	79,75 €	430,50 €	903,60 €	524,30 €

93. Der Reinerlös eines Schulfestes beträgt 686 €. 35 % des Betrages werden dem Schülercafé für den Kauf von Geschirr zur Verfügung gestellt, 65 % sollen für Pausenspielgeräte ausgegeben werden. Berechne die Beträge.

94. Herr Schröder kauft einen Fernseher. Er zahlt 364 € an. Das sind 40 % des Kaufpreises.
Berechne den Preis des Fernsehers.

95. Im Jahr 2019 wurden 1 154 336 Diesel-Fahrzeuge neu zugelassen. Das waren 32 % aller neuzugelassenen Fahrzeuge.
Berechne die Anzahl der Neuzulassungen im Jahr 2019.

96. Während einer Grippewelle fehlten an der Carlo-Mierendorff-Schule von 640 Schülerinnen und Schülern 20 %.
Berechne die Anzahl der fehlenden Kinder.

97. An der Ebert-Schule sind von 480 Schülerinnen und Schülern 168 in einem Sportverein.
Gib in Prozent an.

98. Bei einer Verkehrskontrolle wurden Mofas überprüft. Das Schaubild zeigt die Mängel, die bei der Kontrolle festgestellt wurden:

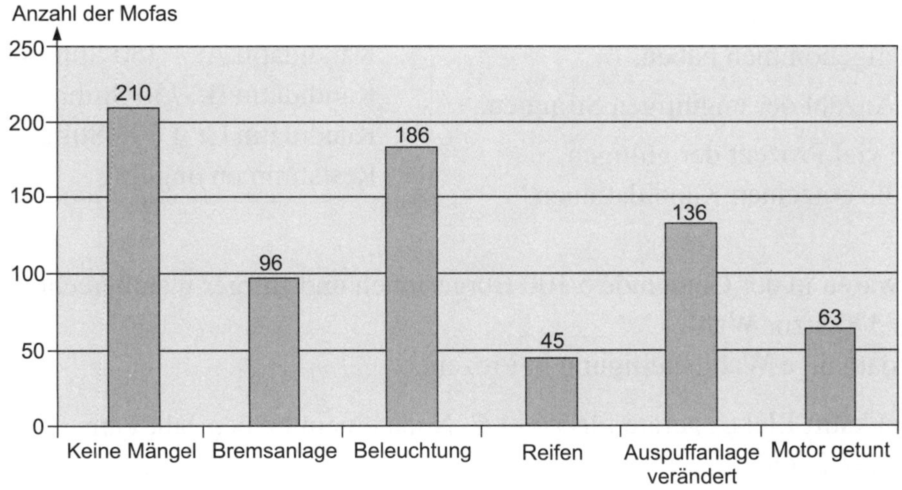

Berechne jeweils die Prozentsätze, wenn jedes Mofa maximal einen Mangel hatte.

99. Eine Grundschule meldet 12 % aller Schülerinnen und Schüler für einen Sportwettbewerb an. Das sind 78 Kinder.
Berechne, wie viele Schülerinnen und Schüler insgesamt in der Grundschule sind.

100. Ein Computer wird im Räumungsverkauf um 22 % herabgesetzt. Tina kauft das Gerät und spart dadurch 219,78 €.

a) Berechne den Preis des Computers vor dem Räumungsverkauf.

b) Gib an, wie viel Tina bezahlt.

101. Für ein Motorrad bezahlt ein Zweiradhändler im Einkauf 5 624 €. Er kann es für 7 761,12 € verkaufen. Berechne den Gewinn in Euro und in Prozent.

102. Eine Kühlschrankfabrik beliefert 4 Großhändler. An Großhändler A werden 2 268 Geräte verkauft, das sind 18,9 % der Gesamtproduktion.

a) Berechne die Gesamtproduktion in Stück.

b) Großhändler B bezieht 19,8 % der Produktion.
Berechne, wie viele Geräte er erhält.

c) Großhändler C kauft 2 412 Kühlschränke.
Berechne den Anteil an der Gesamtproduktion in Prozent.

d) Großhändler D bekommt den Rest der Produktion.
Gib den Anteil in Stück und in Prozent an.

103. Tobias plant den Kauf eines gebrauchten Motorrads, das 5 880 € kostet. Als Auszubildender hat er noch nicht genug gespart, um das Motorrad bar bezahlen zu können.
Die Händler verlangt als Anzahlung 15 % des Kaufpreises und 18 Monatsraten zu je 320 €.
Die Bank bietet Tobias eine Finanzierung an. Bei der dadurch möglichen Barzahlung räumt ihm der Händler 2 % Skonto ein. An die Bank müsste Tobias 313,50 € Zinsen zahlen.

a) Berechne die Gesamtkosten des Motorradkaufs mit Bankfinanzierung.

b) Berechne den Unterschied der beiden Finanzierungsarten in Euro.

104. An den letzten Bürgermeisterwahlen beteiligten sich 70 % der 4 800 wahlberechtigten Bürgerinnen und Bürger einer Gemeinde.

Wahlergebnis:
Kandidatin A: 1 350 Stimmen
Kandidatin B: 750 Stimmen
Kandidatin C: 1 100 Stimmen
Reststimmen ungültig

a) Berechne, wie viele Wählerinnen und Wähler an der Wahl teilgenommen haben.

b) Berechne die Anzahl der ungültigen Stimmen.

c) Berechne, wie viel Prozent der gültigen Stimmen auf die einzelnen Kandidatinnen entfielen.

d) Vor 6 Jahren waren in der Gemeinde 5 100 Bürgerinnen und Bürger wahlberechtigt. Davon gingen 3 825 zur Wahl.
Berechne die damalige Wahlbeteiligung in Prozent.

105. Großhändler Blitzl kauft Elektrogeräte für 5 680 €. Nach einem halben Jahr kann er sie nur noch für 3 775 € verkaufen.

a) Gib den Verlust in Euro an.

b) Berechne, wie viel Prozent des Einkaufspreises der Verkaufspreis beträgt.

106. Als Stammkundin erhält Frau Mayer beim Kauf eines neuen Elektroherds 17,5 % Rabatt und spart dadurch 136,50 €.
Berechne die Kosten für den neuen Elektroherd.

107. Zum Schuljahresbeginn kauft eine Schule 60 000 Blatt Kopierpapier und 45 Packungen Kopierfolien. Ein Paket mit 500 Blatt Kopierpapier kostet 3,20 €, eine Packung Kopierfolien 22,25 €. Der Händler gewährt folgenden Preisnachlass: Kopierpapier 18 %, Kopierfolien 12,5 %.
Berechne die Gesamtkosten für die Schule.

Erhöhter und verminderter Grundwert

Um den erhöhten bzw. verminderten Grundwert zu berechnen, muss der normale Grundwert um den entsprechenden Prozentsatz erhöht bzw. vermindert werden:
100 % ± p

Beispiel:
Nach einem Rabatt von 20 % bezahlt Herr Rau für ein Mountainbike noch 500 €.
Wie hoch war der Preis ohne Rabatt?

Das Fahrrad kostet jetzt noch 100 % − 20 % = 80 % des ursprünglichen Preises.

	Prozent	Preis	
	80 %	500 €	
: 80	1 %	6,25 €	: 80
· 100	100 %	625 €	· 100

Ohne Rabatt hat das Fahrrad 625 € gekostet.

Aufgaben

108. Autohändler Schubert nimmt ein Auto für 8 500 € in Zahlung und kann es später mit 32 % Gewinn verkaufen. Gib den Gewinn und den Verkaufspreis in Euro an.

109. Herr Steffens möchte seine Garageneinfahrt neu pflastern lassen. Eine Firma bietet ihm an, dies für 8 490 € netto zu erledigen. Hinzu kommen noch 19 % Mehrwertsteuer. Berechne den Preis, den Herr Steffens bezahlen muss.

110. Wegen eines kleinen Lackschadens wird der Preis einer Eckbank von 1 250 € um 8,5 % gesenkt. Berechne den neuen Preis der Eckbank.

111. Eine Waschmaschine kostet 957,95 €. In diesem Preis sind 19 % Mehrwertsteuer enthalten.

a) Berechne den Nettopreis der Waschmaschine (ohne Mehrwertsteuer).

b) Gib die Höhe der Mehrwertsteuer in Euro an.

112. Das Vorführmodell eines Fernsehgerätes kann nur mit einem Verlust von 25 % für 659 € verkauft werden. Berechne den alten Preis und den Verlust in Euro.

113. Frau Bauer kauft einen Fernsehsessel. Als Firmenangehörige erhält sie 15 % Personalrabatt und zahlt noch 331,50 €. Berechne den ursprünglichen Preis.

114. Eine Händlerin verkauft ein Mofa mit 35 % Gewinn zu einem Preis von 2 463,75 €. Berechne den Einkaufspreis und den Gewinn in Euro.

115. Ein Paar Schuhe zum Preis von 120 € wird 2-mal hintereinander um jeweils 25 % ermäßigt. Berechne den Preis nach der zweiten Ermäßigung.

116. Ein Elektrogeschäft erhöht den Preis einer Spielekonsole, die ursprünglich 289,95 € gekostet hat, um 20 %. Im Räumungsverkauf wird dieser erhöhte Preis um 40 % gesenkt

a) Berechne den Preis im Räumungsverkauf. Runde den Endpreis auf 2 Nachkommastellen.

b) Luca kauft die Konsole im Räumungsverkauf.
Berechne, wie viel Euro er gegenüber dem ursprünglichen Preis gespart hat.

117. Ein Gebrauchtwagenhändler kauft einen Kleintransporter für 6 000 € und einen Personenwagen für 3 300 €.

a) Der Kleintransporter, für den keine weiteren Kosten anfielen, konnte bereits nach 2 Tagen für 6 720 € verkauft werden. Berechne den Gewinn des Händlers in Prozent.

b) In den Personenwagen mussten zunächst Ersatzteile für 795,24 € eingebaut werden. Der anschließende Verkauf brachte nur 5 % der entstandenen Kosten an Gewinn ein. Berechne den Verkaufspreis des Personenwagens.

c) Berechne den Gesamtgewinn in Euro (und Prozent), den der Händler erzielt hat.

Interaktive Aufgaben

1. Grundwert
2. Prozentwert
3. Verminderter Grundwert
4. Erhöhter Grundwert

Darstellung in Diagrammen

Prozentsätze kannst du in Säulen-, Balken-, Kreis- oder Streifendiagrammen darstellen.

Beispiel:

In einem Sportverein sind 30 % der Mitglieder unter 10 Jahre, 32 % sind zwischen 10 und 18 Jahre und 38 % sind älter als 18 Jahre.

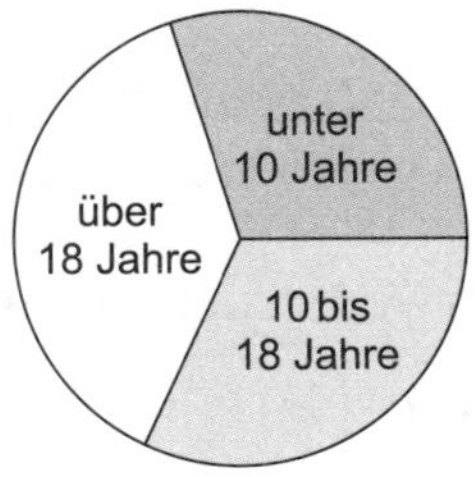

Prozent	Grad	
100 %	360°	(Vollkreis)
1 %	3,6°	
30 %	108°	(unter 10 Jahre)
32 %	115,2°	(10 bis 18 Jahre)
38 %	136,8°	(über 18 Jahre)

Aufgaben

118. Eine Umfrage unter 400 Fahrradfahrerinnen und Fahrradfahrern hat ergeben, dass nur gut ein Viertel immer oder meistens einen Helm trägt. Die große Mehrheit outet sich als „oben ohne".

a) Berechne, wie viele der Befragten immer einen Helm tragen.

b) Paul behauptet: „170 der befragten Personen tragen nie einen Helm."
Hat Paul recht? Begründe durch eine Rechnung.

Tragen Sie beim Fahrradfahren einen Helm?

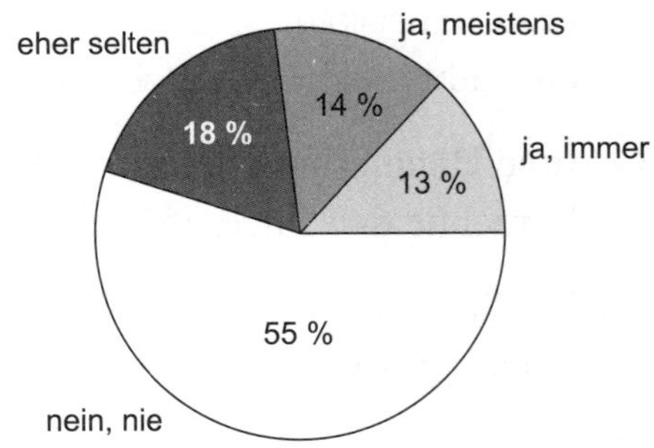

Quelle: Fahrrad-Monitor BMVBS

119. Bei einer Verkehrszählung wurden innerhalb einer Stunde alle vorbeifahrenden Pkw, Lkw, Busse usw. gezählt. Das Ergebnis der Zählung findest du in folgendem Diagramm.

a) Gib die Anzahl der einzelnen Fahrzeugtypen an.

b) Stelle den Sachverhalt in einem Kreisdiagramm dar.
Berechne dazu zunächst die prozentualen Anteile der einzelnen Fahrzeugtypen.

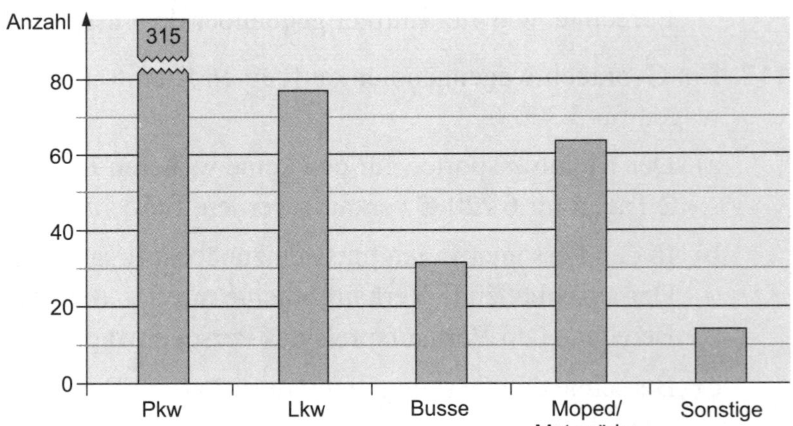

Interaktive Aufgaben

5. Kreisdiagramm
6. Säulendiagramm

Jahreszinsen

Die Zinsrechnung ist eine Anwendung der Prozentrechnung in der Geldwirtschaft.
Für die Zinsrechnung benötigst du folgende Begriffe:
Kapital ($\hat{=}$ Grundwert)
Zinssatz ($\hat{=}$ Prozentsatz)
Zinsen ($\hat{=}$ Prozentwert)

Beispiel: Herr Müller hat 7 500 € auf dem Sparbuch. Er bekommt für eine feste Anlage von einem Jahr 3,5 % Zinsen. Berechne, wie viel Zinsen er am Ende der Laufzeit erhält.

	Prozent	Geld	
	100 %	7 500,00 €	
: 100	1 %	75,00 €	: 100
· 3,5	3,5 %	262,50 €	· 3,5

Am Ende der Laufzeit erhält er 262,50 € Zinsen.

Aufgaben

120. Fülle die Tabelle aus.

	a)	b)	c)	d)	e)	f)
Kapital	45 785 €	37 855 €		25 897 €	450 000 €	
Zinssatz	2,5 %		3,75 %	8,25 %		6,27 %
Jahreszinsen		852,25 €	582,25 €		47 589 €	2 250 €

121. Herr Berger erhält ein Darlehen in Höhe von 12 000 € zu einem Zinssatz von 4,49 %. Nach einem Jahr zahlt er das Darlehen und die Zinsen zurück.
Berechne die Höhe der gesamten Rückzahlung.

122. Herr Götze leiht sich bei seiner Hausbank 25 000 € zu einem Zinssatz von 5,9 %. Bei der Kreditbank hätte er für das gleiche Darlehen jährlich 1 725 € Zinsen zahlen müssen.

a) Berechne, wie viel Euro Zinsen Herr Götze jährlich an die Hausbank zahlen muss.

b) Berechne, welchen Zinssatz die Kreditbank anbietet.

123. Welches Angebot ist günstiger?

SPAR-BANK
EINFACH, SCHNELL UND FLEXIBEL
50 000 € Darlehen
Rückzahlung 55 000 €
nach einem Jahr

Wenn Sie einen Kredit brauchen
50 000 € zu einem
Zinssatz von 9,75 %
Kreis Bank

124. Frederike besitzt bei der Bank ein Konto. Zu Beginn des Jahres hat sie ein Guthaben von 800 €. Der Zinssatz für das Konto beträgt 3 %.

a) Berechne, wie viele Zinsen sie am Ende des Jahres bekommt.

b) Gib ihr gesamtes Guthaben am Ende des Jahres an.

125. Herr Meister hat sich von der Bank Geld geliehen. Für ein Jahr muss er 170 € Zinsen bezahlen. Der Zinssatz beträgt 3,42 %.
Berechne die Höhe des geliehenen Kapitals.

126. Berechne die Höhe des Kapitals, wenn nach einem Jahr bei einem Zinssatz von 4 % 32 € (26 €, 60 €, 112 €) Zinsen gezahlt wurden.

127. Lisa hat ein Jahr lang 650 € auf ihrem Konto. Wie hoch war der Zinssatz, wenn sie 22,75 € Zinsen bekommt?

Monatszinsen

Wird Geld nur für einige Monate verliehen, müssen auch nur die **anteiligen** Jahreszinsen bezahlt werden.

Beispiel: Herr Bauer hat 25 000 € mit einem Zinssatz von 2,75 % angelegt. Berechne die Zinsen nach 3 Monaten.

Jahreszinsen:

	Prozent	Geld	
	100 %	25 000,00 €	
: 100	1 %	250,00 €	: 100
· 2,75	2,75 %	687,50 €	· 2,75

Monatszinsen:
$687{,}50\,€ : 12 \approx 57{,}29\,€$ (pro Monat)
$57{,}20\,€ \cdot 3 \approx 171{,}88\,€$ (für 3 Monate)

Für 3 Monate erhält er 171,88 € Zinsen.

Aufgaben

128. Berechne die Zinsen:

a) 820 € zu 5 % für 9 Monate

b) 2 400 € zu 6,25 % für $\frac{1}{2}$ Jahr

c) 644 € zu 3,5 % für 7 Monate

129. Familie Brämer benötigt einen Kleinkredit über 7 500 €. Es liegen 2 Angebote vor.
Hansabank: 150 € Zinsen alle 2 Monate. Spardabank: 217,50 € Zinsen alle 3 Monate.
Entscheide, welches Angebot günstiger ist.

130. Kerstin überzieht ihr Girokonto für zwei Monate um 1 200 € und muss dafür 21,14 € Zinsen bezahlen. Berechne den Zinssatz.

Interaktive Aufgaben

7. Zinssatz
8. Erbe
9. Zinsen
10. Monatszinsen

Flächen

Dreieck zeichnen

Dreiecke können eindeutig **konstruiert** werden, wenn …

- alle 3 Seiten gegeben sind (sss).
- 2 Seiten und der eingeschlossene Winkel gegeben sind (sws).
- eine Seite und die anliegenden Winkel gegeben sind (wsw).

Beispiele:

a) a = 3 cm, b = 2 cm, c = 4 cm

Zeichne c = 4 cm und benenne A und B.
Zeichne um A einen Kreis mit r = b = 2 cm und um B einen Kreis mit r = a = 3 cm.
Der Schnittpunkt der Kreise ist C.

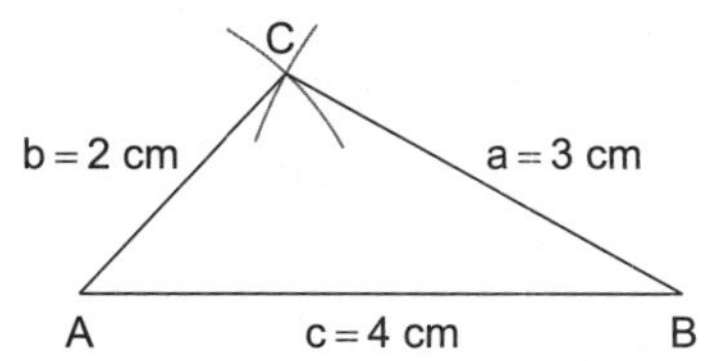

b) b = 3 cm, c = 4 cm, $\alpha = 30°$

Zeichne c = 4 cm und benenne A und B.
Trage in A den Winkel $\alpha = 30°$ mit dem Geodreieck ab.
Zeichne um A einen Kreis mit r = b = 3 cm.
Der Schnittpunkt des Kreises mit dem freien Schenkel von α ergibt C.

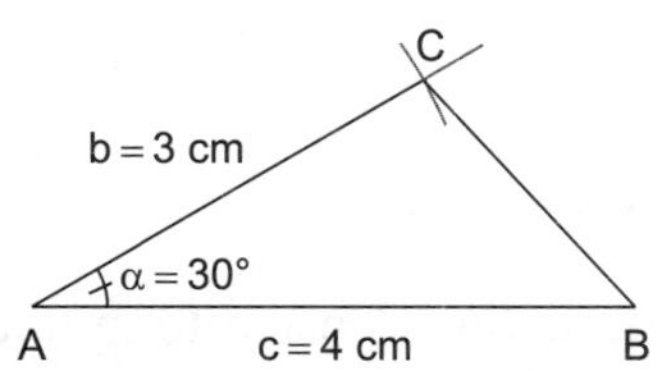

c) c = 4 cm, $\alpha = 30°$, $\beta = 25°$

Zeichne c = 4 cm und benenne A und B.
Trage in A den Winkel $\alpha = 30°$ und in B den Winkel $\beta = 25°$ mit dem Geodreieck ab.
Der Schnittpunkt der beiden freien Schenkel ergibt C.

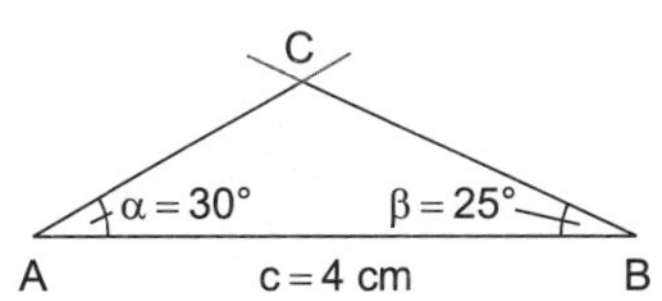

Aufgabe

131. Konstruiere die folgenden Dreiecke. Bestimme auch die Dreiecksart nach Seiten und Winkeln.

a) a = 5,1 cm; b = 3,5 cm; c = 6 cm

b) c = 4,1 cm; a = 5,4 cm; $\beta = 120°$

c) b = 6 cm; $\alpha = 45°$; $\gamma = 45°$

d) a = 3,3 cm; b = 2,5 cm; c = 4,3 cm

e) a = 3,4 cm; b = 4,5 cm; $\gamma = 62°$

f) a = 5 cm; $\beta = 43°$; $\gamma = 95°$

Allgemeines Dreieck

Flächeninhalt:

$$A = \frac{g \cdot h_g}{2}$$

Umfang:

$u = a + b + c$

Innenwinkelsumme:

$\alpha + \beta + \gamma = 180°$

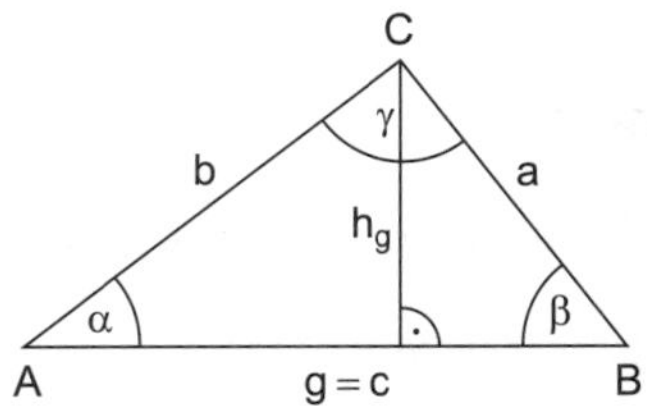

Beispiele:

a) gegeben: $g = 4{,}5$ cm, $h_g = 5$ cm
gesucht: A

$$A = \frac{4{,}5\ \text{cm} \cdot 5\ \text{cm}}{2}$$

$$A = 11{,}25\ \text{cm}^2$$

b) gegeben: $A = 50\ \text{cm}^2$, $g = 12{,}5$ cm
gesucht: h_g

$$50\ \text{cm}^2 = \frac{12{,}5\ \text{cm} \cdot h_g}{2} \quad |\cdot 2$$

$$100\ \text{cm}^2 = 12{,}5\ \text{cm} \cdot h_g \quad |:12{,}5\ \text{cm}$$

$$h_g = 8\ \text{cm}$$

Aufgaben

132. Berechne den Umfang und den Flächeninhalt der abgebildeten Figur.

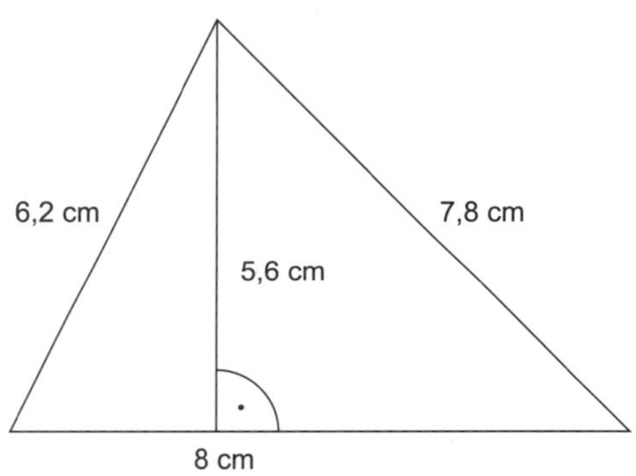

133. Gib die Länge der Dreieckseite c an, wenn die Höhe $h_c = 7{,}8$ cm beträgt und der Flächeninhalt $A = 28{,}86\ \text{cm}^2$ ist.

134. Trage die Punkte A(–3 | –1,5), B(2 | –1,5) und C(4 | 4) in ein Koordinatensystem ein (1 LE entspricht 1 cm). Verbinde sie zum Dreieck ABC und berechne den Flächeninhalt des Dreiecks.

135. Ein Waldstück hat die Form eines Dreiecks. Die Grundseite ist 350 m lang. Die Höhe auf dieser Grundseite hat eine Länge von 250 m.

a) Berechne den Flächeninhalt des Waldstücks in m^2 und ha.

b) Möchte man eine solche Fläche neu aufforsten, benötigt man pro Baum ca. 14 m^2 Platz. Berechne die Anzahl der Bäume, die benötigt werden.

Rechtwinkliges Dreieck

$\gamma = 90°$

Flächeninhalt:

$$A = \frac{a \cdot b}{2}$$

Umfang:

$u = a + b + c$

Im rechtwinkligen Dreieck gilt der **Satz des Pythagoras:** $c^2 = a^2 + b^2$

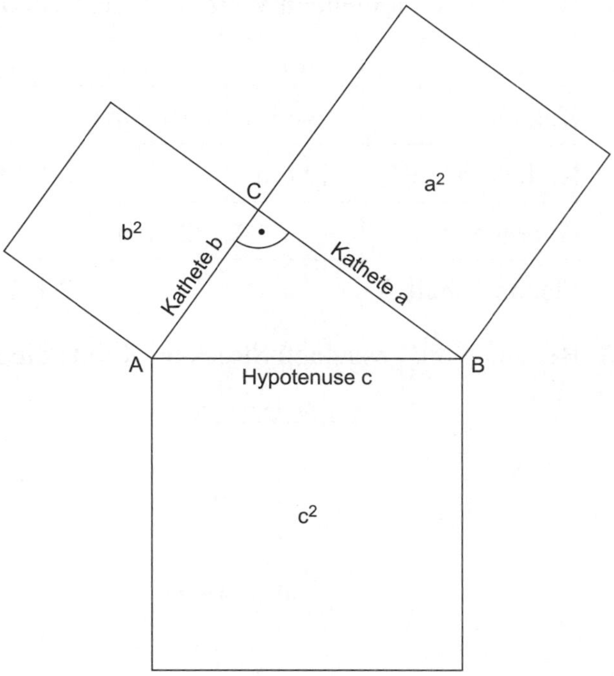

Beispiele:

a) gegeben: a = 8 cm, b = 6 cm
gesucht: c

$c^2 = (8\text{ cm})^2 + (6\text{ cm})^2$

$c^2 = 100\text{ cm}^2 \quad |\sqrt{\ }$

$c = 10\text{ cm}$

b) gegeben: a = 5 cm, c = 13 cm
gesucht: b

$(13\text{ cm})^2 = (5\text{ cm})^2 + b^2 \quad |-(5\text{ cm})^2$

$b^2 = (13\text{ cm})^2 - (5\text{ cm})^2$

$b^2 = 144\text{ cm}^2 \quad |\sqrt{\ }$

$b = 12\text{ cm}$

c) gegeben: b = 8 cm, c = 17 cm
gesucht: a

$(17\text{ cm})^2 = a^2 + (8\text{ cm})^2 \quad |-(8\text{ cm})^2$

$a^2 = (17\text{ cm})^2 - (8\text{ cm})^2$

$a^2 = 225\text{ cm}^2 \quad |\sqrt{\ }$

$a = 15\text{ cm}$

Aufgaben

136. Berechne jeweils die fehlende Seite.

a)

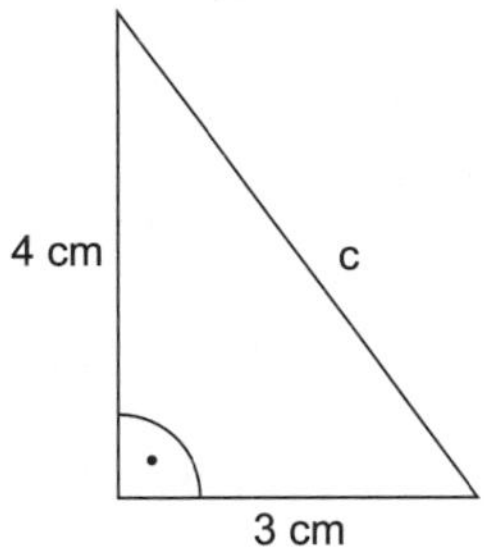

b)

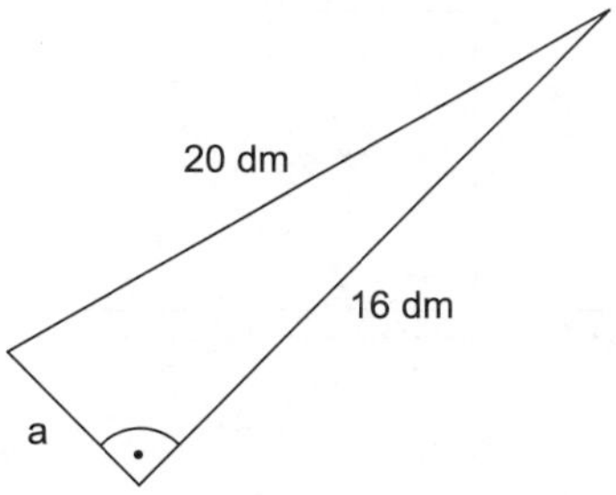

c)

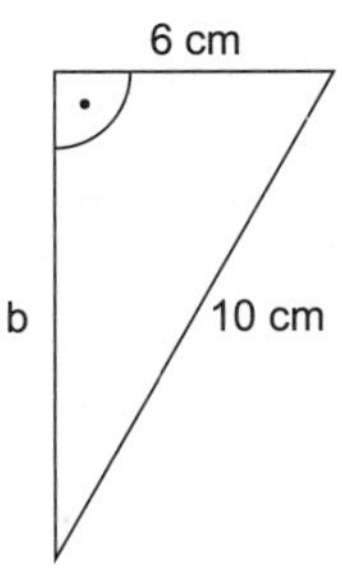

d)

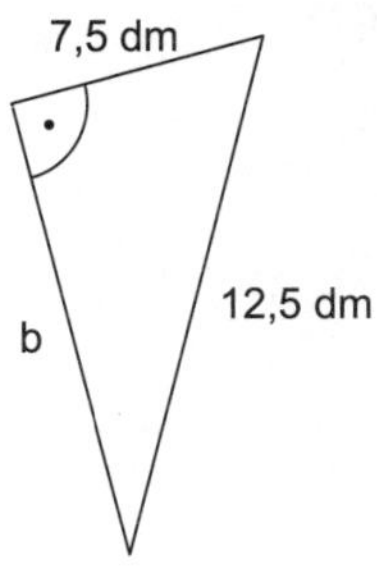

137. Berechne die fehlenden Werte der rechtwinkligen Dreiecke.

	a)	b)	c)	d)	e)	f)	g)
Kathete a	9 cm	10 cm			1,1 cm		
Kathete b	12 cm		2 dm	35 m		15 dm	32 cm
Hypotenuse c		26 cm		37 m		17 dm	
Flächeninhalt A			2,1 dm^2		3,3 cm^2		3,84 dm^2

138. Berechne die gesuchten Strecken. Runde die Ergebnisse auf eine Dezimalstelle.

a)

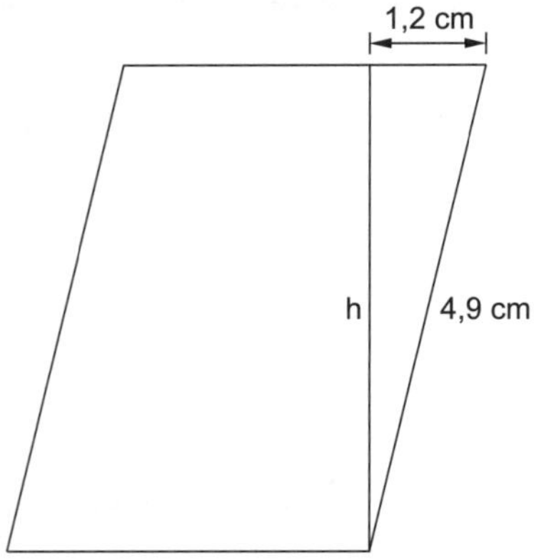

b)

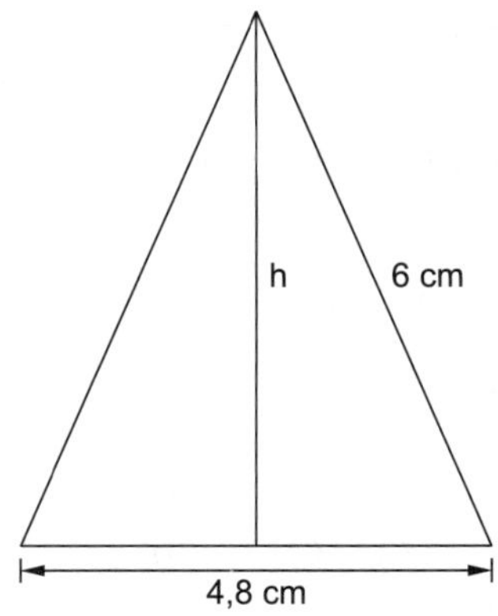

c)

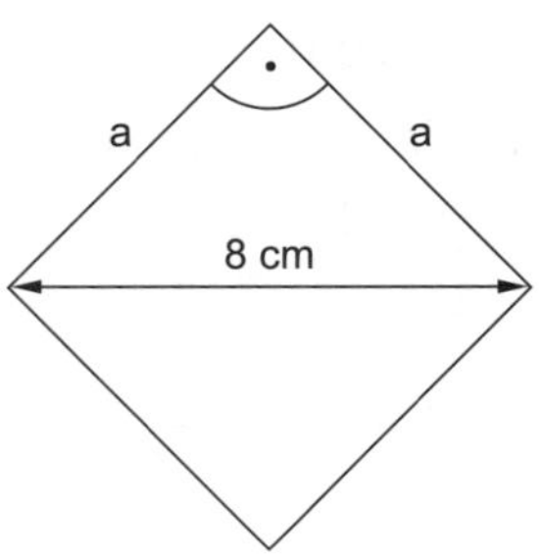

d)

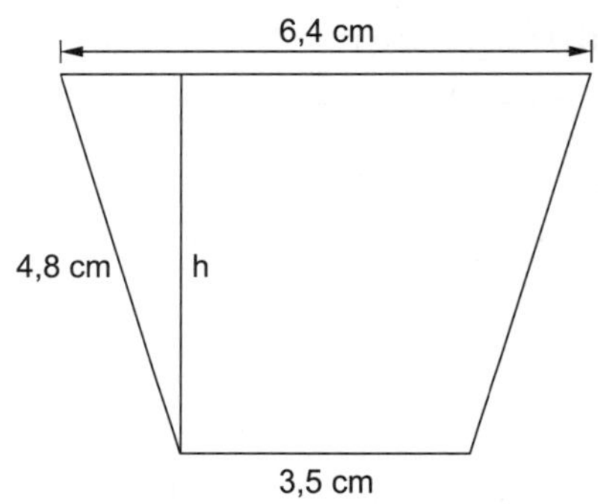

e)

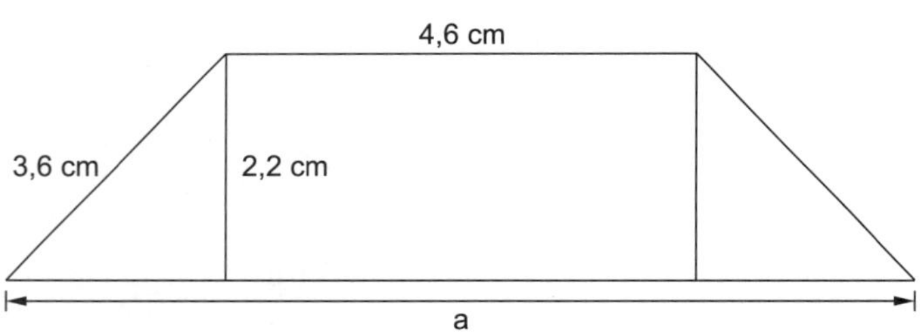

Interaktive Aufgaben

1. Konstruktion eines Dreiecks
2. Dreieck
3. Hypotenuse
4. Kathete
5. Spielplatz

Quadrat

Flächeninhalt:
$A = a \cdot a$
$A = a^2$

Umfang:
$u = a + a + a + a$
$u = 4 \cdot a$

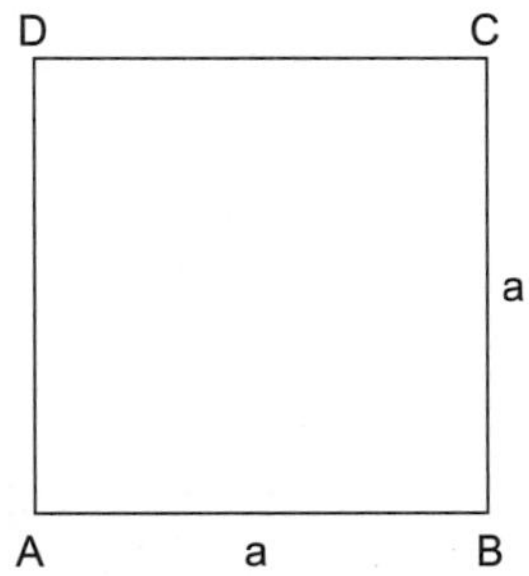

Beispiele:

a) gegeben: $a = 7{,}5$ cm
gesucht: u, A

$A = 7{,}5\ \text{cm} \cdot 7{,}5\ \text{cm}$
$A = 56{,}25\ \text{cm}^2$

$u = 4 \cdot 7{,}5\ \text{cm}$
$u = 30\ \text{cm}$

b) gegeben: $A = 30{,}25\ \text{cm}^2$
gesucht: a

$30{,}25\ \text{cm}^2 = a^2 \quad |\sqrt{}$
$a = 5{,}5\ \text{cm}$

c) gegeben: $u = 49$ cm
gesucht: a

$49\ \text{cm} = 4 \cdot a \quad |:4$
$a = 12{,}25\ \text{cm}$

Aufgaben

139. Berechne die fehlenden Werte der Quadrate. Runde, falls erforderlich, auf 2 Dezimalstellen.

	a)	b)	c)	d)	e)	f)	g)
Seite a	12 cm				7,2 m		
Umfang u			100 dm			77 cm	
Flächeninhalt A		121 cm^2		64 cm^2			54 dm^2

140. Berechne den Flächeninhalt eines Quadrates mit dem Umfang 208 m (72 cm; 396 m; 90 cm).

141. Berechne den Umfang eines Quadrates mit einem Flächeninhalt von 361 m^2 (289 cm^2; 529 m^2; 4356 cm^2).

142. Ein quadratisches Grundstück mit einem Flächeninhalt von 665 m^2 wird eingezäunt. Die Garageneinfahrt ist 4,5 m breit und soll frei bleiben. Berechne, wie viel Meter Gartenzaun benötigt werden.

Rechteck

Flächeninhalt:
$A = a \cdot b$

Umfang:
$u = a + b + a + b$
$u = 2 \cdot a + 2 \cdot b$
$u = 2 \cdot (a + b)$

Beispiele:

a) gegeben: a = 4,5 cm, b = 7 cm
gesucht: A, u

$A = 4{,}5\text{ cm} \cdot 7\text{ cm}$
$A = 31{,}5\text{ cm}^2$

$u = 2 \cdot (4{,}5\text{ cm} + 7\text{ cm})$
$u = 2 \cdot 11{,}5\text{ cm}$
$u = 23\text{ cm}$

b) gegeben: $A = 21\text{ cm}^2$, b = 3,5 cm
gesucht: a

$21\text{ cm}^2 = a \cdot 3{,}5\text{ cm} \quad |:3{,}5\text{ cm}$
$a = 6\text{ cm}$

c) gegeben: u = 48 cm, a = 15 cm
gesucht: b

$48\text{ cm} = 2 \cdot 15\text{ cm} + 2b$
$48\text{ cm} = 30\text{ cm} + 2b \quad |-30\text{ cm}$
$18\text{ cm} = 2b \quad |:2$
$b = 9\text{ cm}$

Aufgaben

143. Berechne die fehlenden Werte der Rechtecke. Runde, falls erforderlich, auf 2 Dezimalstellen.

	a)	b)	c)	d)	e)	f)	g)
Seite a	4,5 dm			3,8 m	23 m	13 dm	
Seite b	3,0 dm	16 cm	5,09 m	2,0 m			6,5 cm
Umfang u			23,56 m			40 dm	
Flächeninhalt A		64 cm^2			$35{,}9\text{ m}^2$		80 cm^2

144. Das abgebildete Grundstück soll eingezäunt werden.
Wie viel Meter Maschendrahtzaun werden benötigt?

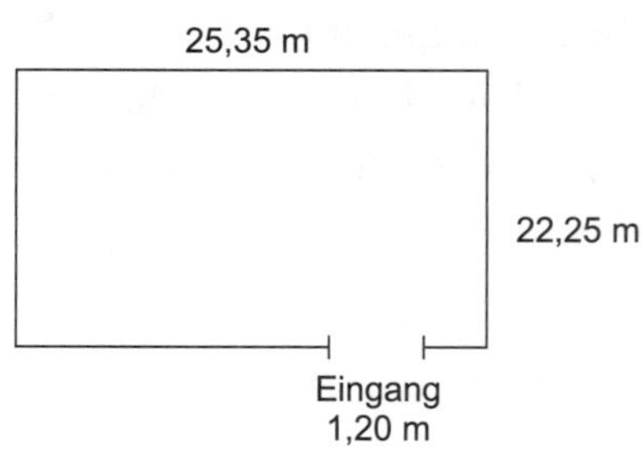

Interaktive Aufgaben

6. Quadrat
7. Rechteck
8. Quadrat in Rechteck

Parallelogramm

a parallel zu c und b parallel zu d
$\alpha=\gamma$ und $\beta=\delta$

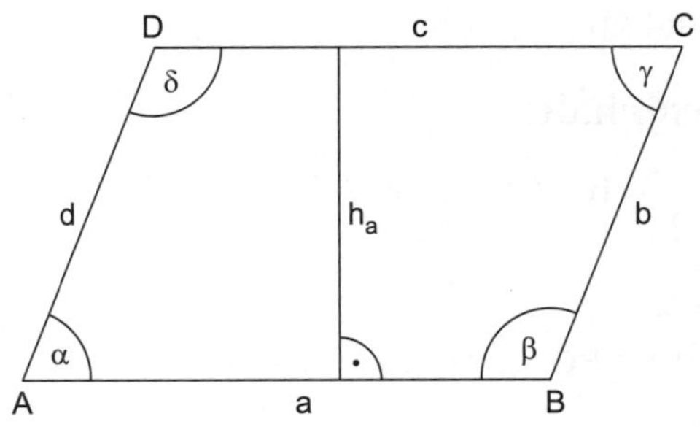

Flächeninhalt:
$A=a\cdot h_a=b\cdot h_b$

Umfang:
$u=2\cdot a+2\cdot b$
$u=2\cdot(a+b)$

Beispiele:

a) gegeben: $a=5{,}5$ cm, $h_a=3$ cm
gesucht: A
$A=5{,}5\text{ cm}\cdot 3\text{ cm}$
$A=16{,}5\text{ cm}^2$

b) gegeben: $A=116{,}85\text{ cm}^2$, $a=12{,}3$ cm
gesucht: h_a
$116{,}85\text{ cm}^2=12{,}3\text{ cm}\cdot h_a \quad |:12{,}3\text{ cm}$
$h_a=9{,}5\text{ cm}$

Aufgaben

145. Berechne die fehlenden Werte der Parallelogramme. Runde, falls erforderlich, auf 2 Dezimalstellen.

	a)	b)	c)	d)	e)	f)
Seite a	3,7 m	45 cm		24 m	4,5 cm	
Höhe h_a	0,8 m	150 mm	50 cm			66 dm
Flächeninhalt A			630 cm^2	696 m^2	246,4 cm^2	46,2 m^2

146. Berechne den Flächeninhalt der folgenden Figuren.

a)

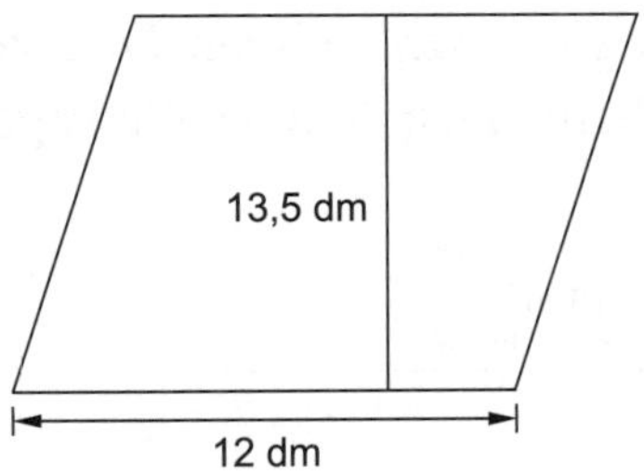

b)

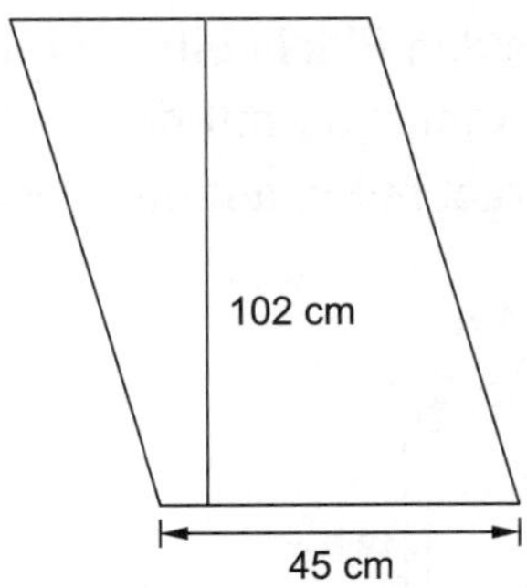

c)

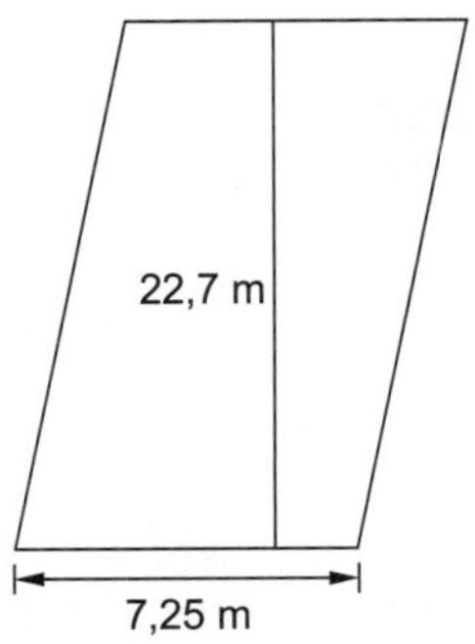

d)

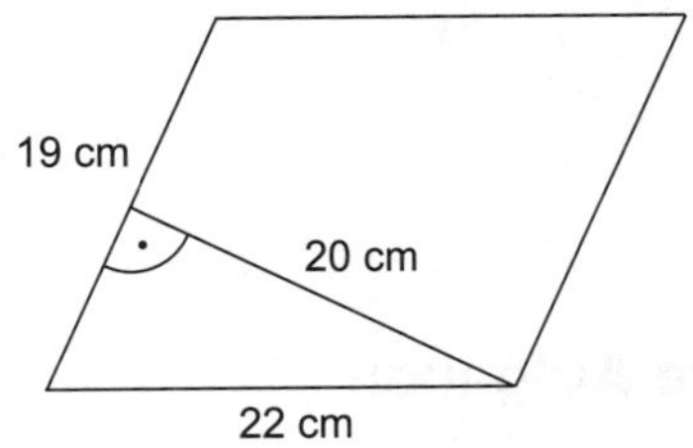

Trapez

a parallel zu c

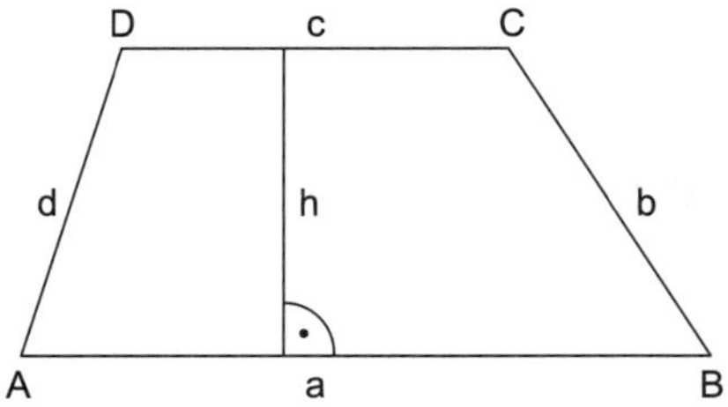

Flächeninhalt:

$A = \frac{a+c}{2} \cdot h$

Umfang:

$u = a + b + c + d$

Beispiele:

a) gegeben: a = 5 cm, c = 9 cm, h = 4 cm
gesucht: A

$A = \frac{5\text{ cm} + 9\text{ cm}}{2} \cdot 4\text{ cm}$

$A = 7\text{ cm} \cdot 4\text{ cm}$

$A = 28\text{ cm}^2$

b) gegeben: a = 8 cm, c = 6 cm, A = 49 cm²
gesucht: h

$49\text{ cm}^2 = \frac{8\text{ cm} + 6\text{ cm}}{2} \cdot h$

$49\text{ cm}^2 = 7\text{ cm} \cdot h \qquad |:7\text{ cm}$

$h = 7\text{ cm}$

Aufgaben

147. Berechne die fehlenden Werte der Trapeze. Runde, falls erforderlich, auf 2 Dezimalstellen.

	a)	b)	c)	d)	e)	f)
Seite a	45,6 m	5,4 cm	88,4 cm	28 m	10 dm	
Seite c	168,4 m	9,9 cm	45,6 cm			5,5 dm
Höhe h	93,2 m			12,8 m	11 dm	4,7 dm
Flächeninhalt A		55,46 cm²	9,10 dm²	275,2 m²	330 dm²	42,3 dm²

148. Berechne jeweils den Flächeninhalt und den Umfang der gleichschenkligen Trapeze. Fehlende Werte kannst du mit dem Satz des Pythagoras berechnen. Runde alle Ergebnisse, auch Zwischenergebnisse, auf eine Dezimalstelle.

a)

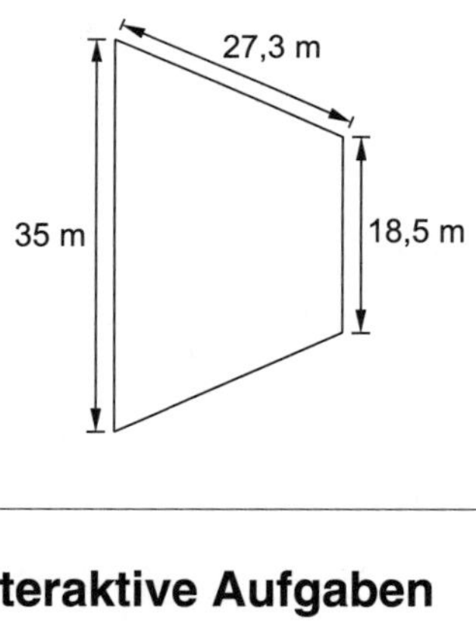

b)

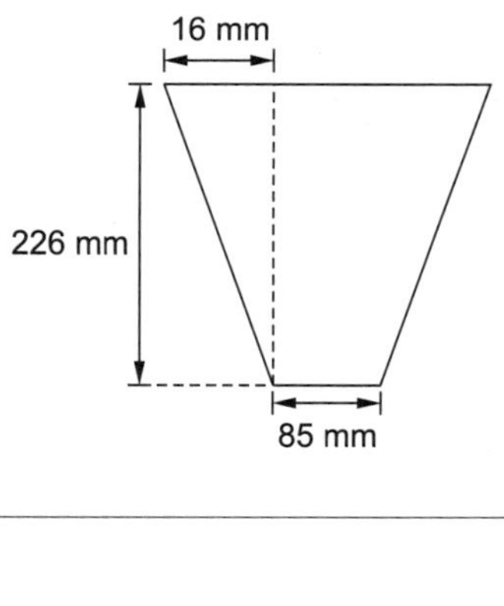

Interaktive Aufgaben

9. Parallelogramm

10. Trapez

Kreis

$d = 2 \cdot r$

Flächeninhalt:

$A = \pi \cdot r \cdot r$

$A = \pi \cdot r^2$

$A = \frac{\pi}{4} \cdot d^2$

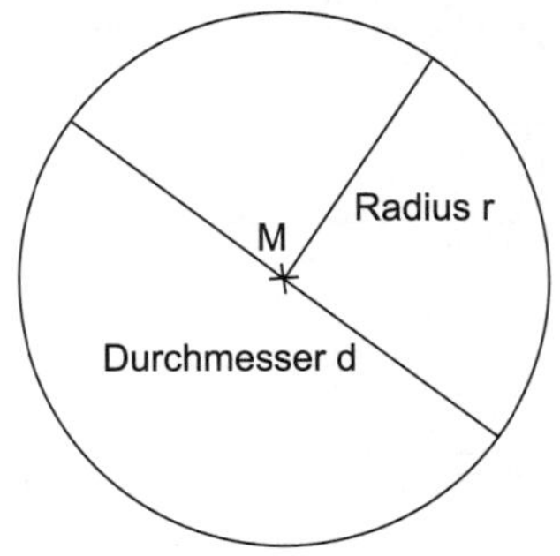

Umfang:

$u = 2 \cdot \pi \cdot r$

$u = d \cdot \pi$

Beachte: Hier wird für π immer der **genaue Wert** aus dem Taschenrechner verwendet. Wenn du mit $\pi = 3{,}14$ rechnest, kann es sein, dass du leicht abweichende Ergebnisse erhältst.

Beispiele:

a) gegeben: $r = 6{,}7$ cm
gesucht: A, u

$A = \pi \cdot (6{,}7\text{ cm})^2$
$A \approx 141{,}0\text{ cm}^2$

$u = 2 \cdot \pi \cdot 6{,}7\text{ cm}$
$u \approx 42{,}1\text{ cm}$

b) gegeben: $A = 94{,}985\text{ cm}^2$
gesucht: r

$94{,}985\text{ cm}^2 = \pi \cdot r^2 \quad | : \pi$
$30{,}2\text{ cm}^2 \approx r^2 \quad | \sqrt{\ }$
$5{,}5\text{ cm} \approx r$

c) gegeben: $u = 28{,}26$ cm
gesucht: d, r

$28{,}26\text{ cm} = \pi \cdot d \quad | : \pi$
$d \approx 9{,}0\text{ cm} \quad \Rightarrow \quad r = 4{,}5\text{ cm}$

Aufgaben

149. Berechne die fehlenden Werte der Kreise und runde auf 2 Dezimalstellen.

	a)	b)	c)	d)	e)	f)	g)
Radius r	3,9 m						
Durchmesser d		4 cm	6,47 dm				
Umfang u				5,65 m	7,6 dm		
Flächeninhalt A						195 m^2	$84{,}87\text{ dm}^2$

150. Berechne den Flächeninhalt der zusammengesetzten Flächen.

a)

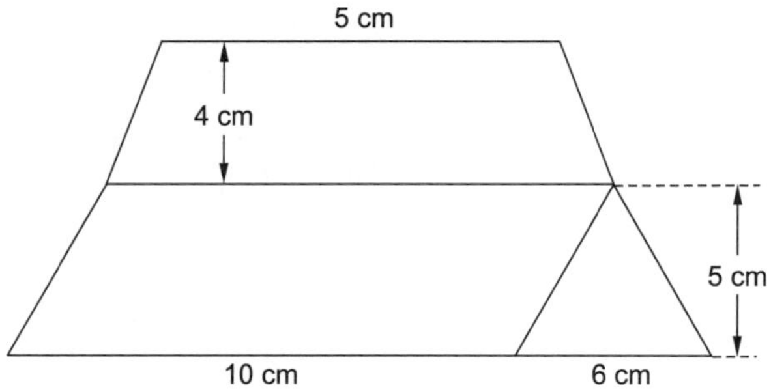

b)

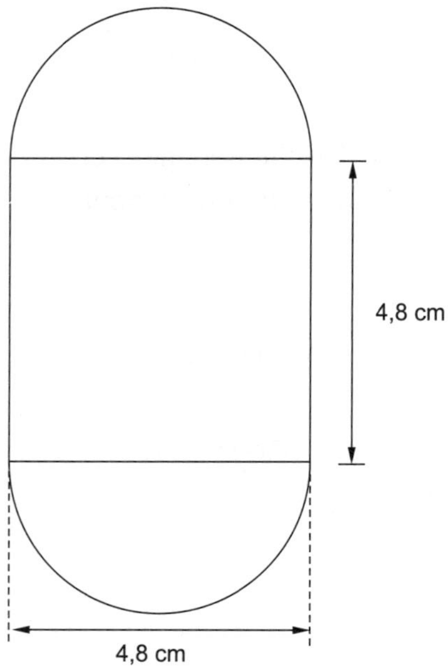

151. Zeichne folgende Punkte in ein Koordinatensystem (1 LE entspricht 1 cm) und verbinde sie: A(3 | 0,5); B(5 | 3); C(5 | 5); D(4 | 6); E(2 | 6); F(1 | 5); G(1 | 3)
Berechne den Flächeninhalt der entstandenen Figur.

152. Berechne den Flächeninhalt und den Umfang der abgebildeten Figur.

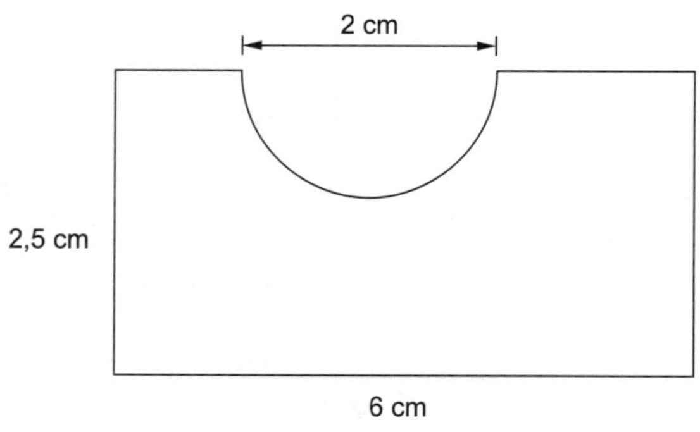

Interaktive Aufgaben

11. Torwand
12. In- und Umkreis

Körper

Hinweise zum Anfertigen des Schrägbildes eines Körpers

Alle Kanten in Breiten- und Höhenrichtung werden in wahrer Länge gezeichnet.
Die **Kanten in Tiefenrichtung** (nach „hinten" laufende Kanten) werden **im Winkel 45°** und **um die Hälfte verkürzt** gezeichnet.
Die nicht sichtbaren Kanten zeichnet man gestrichelt (Strich-Strich-Linie).

Würfel

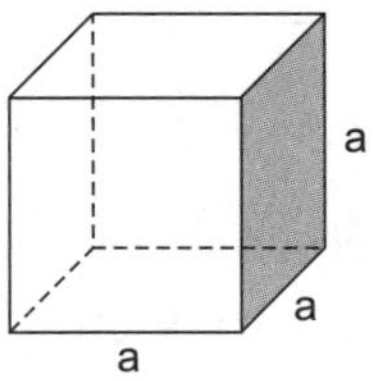

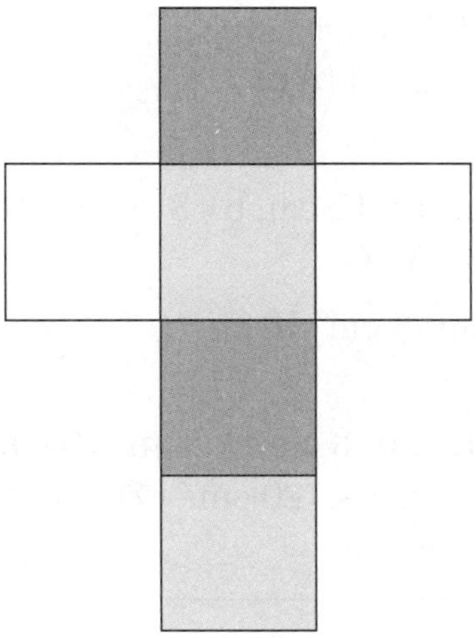

Volumen:

$V = a \cdot a \cdot a$

$V = a^3$

Oberfläche:

$O = 6 \cdot a \cdot a$

$O = 6 \cdot a^2$

Beispiele:

a) gegeben: $a = 7$ cm
gesucht: V, O

$V = 7\text{ cm} \cdot 7\text{ cm} \cdot 7\text{ cm}$

$V = 343\text{ cm}^3$

$O = 6 \cdot 7\text{ cm} \cdot 7\text{ cm}$

$O = 294\text{ cm}^2$

b) gegeben: $O = 150\text{ cm}^2$
gesucht: a

$150\text{ cm}^2 = 6 \cdot a^2 \quad |:6$

$25\text{ cm}^2 = a^2 \quad |\sqrt{\ }$

$a = 5\text{ cm}$

Aufgaben

153. Ein Würfel hat eine Oberfläche von 384 cm². Berechne sein Volumen.

154. Eine Firma stellt würfelförmige Verpackungen mit einer Kantenlänge von 28 cm aus Pappe her.

a) Berechne, wie viel Pappe für eine einzelne Verpackung benötigt wird.

b) Die Firma soll 4 500 Stück herstellen. Berechne den Verbrauch an Pappe insgesamt. Gib das Ergebnis in ganzen Quadratmetern an.

Quader

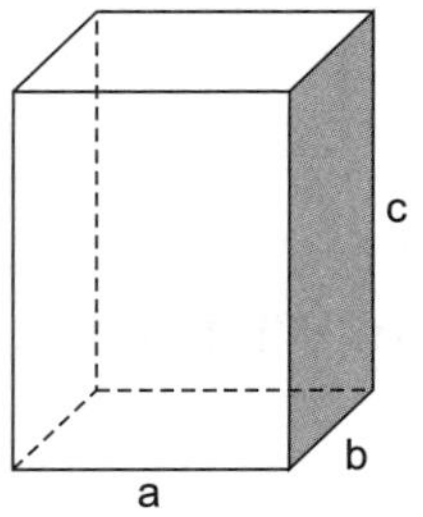

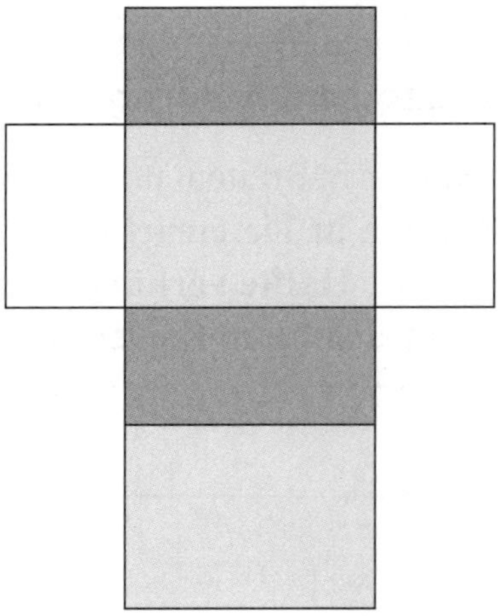

Volumen:

$V = a \cdot b \cdot c$

Oberfläche:

$O = 2 \cdot a \cdot b + 2 \cdot a \cdot c + 2 \cdot b \cdot c$

$O = 2 \cdot (a \cdot b + a \cdot c + b \cdot c)$

Beispiele:

a) gegeben: $a = 12$ cm, $b = 8$ cm, $c = 10$ cm
gesucht: V, O

$V = 12\text{ cm} \cdot 8\text{ cm} \cdot 10\text{ cm}$

$V = 960\text{ cm}^3$

$O = 2 \cdot (12\text{ cm} \cdot 8\text{ cm} + 12\text{ cm} \cdot 10\text{ cm} + 8\text{ cm} \cdot 10\text{ cm})$

$O = 2 \cdot (96\text{ cm}^2 + 120\text{ cm}^2 + 80\text{ cm}^2)$

$O = 592\text{ cm}^2$

b) gegeben: $V = 720\text{ cm}^3$,
$b = 8$ cm, $c = 9$ cm
gesucht: a

$720\text{ cm}^3 = a \cdot 8\text{ cm} \cdot 9\text{ cm}$

$720\text{ cm}^2 = a \cdot 72\text{ cm} \quad |:72\text{ cm}$

$a = 10\text{ cm}$

Aufgaben

155. Berechne die fehlenden Werte der folgenden Quader. Achte auf die Einheiten.

	a)	b)	c)	d)	e)	f)	g)
Seite a	12,5 dm	4 580 cm	16 cm	3 dm		1,8 cm	
Seite b	1 735 cm	45,9 dm		80 cm	2,5 m	18 mm	2,7 m
Seite c	0,67 m	2,23 m	19 cm		84 dm		45 dm
Volumen V			$2\,880\text{ cm}^3$	204 dm^3	$157{,}5\text{ m}^3$	$3{,}75\text{ cm}^3$	$35{,}04\text{ m}^3$

156. Ein Quader mit einer quadratischen Grundfläche von $6{,}25\text{ cm}^2$ und einer Höhe von 5 cm hat dieselbe Oberfläche wie ein Würfel.

a) Berechne die Oberfläche und den Rauminhalt des Quaders.

b) Berechne die Kantenlänge des Würfels. Runde auf eine Dezimalstelle.

157. Ein Betrieb stellt einen quaderförmigen Tank ($a = 6{,}5$ m, $b = 3{,}8$ m) mit einem Fassungsvermögen von 66 690 ℓ her.

a) Berechne die Höhe des Tanks.

b) Gib an, wie viel m^2 Stahlblech zur Herstellung des Tanks benötigt werden.

158. Der quaderförmige Vorratstank einer Chemiefabrik (a = 7 m, b = 4,5 m, c = 2,4 m) ist zu 3 Viertel gefüllt.

a) Berechne, wie viele Liter Chemikalie sich im Tank befinden.

b) Gib an, wie hoch die Chemikalie im Tank steht.

c) Im Laufe des Tages werden 18 900 Liter abgepumpt.
Berechne, wie hoch die Chemikalie nun im Tank steht.

Interaktive Aufgaben

1. Würfel
2. Würfelnetz
3. Quader I
4. Quader II

Prisma

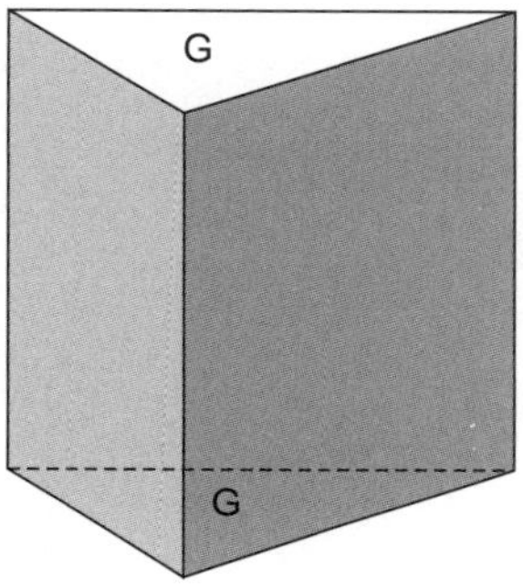

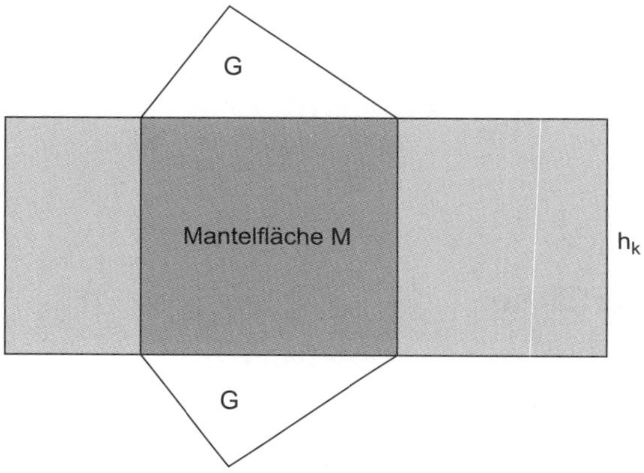

Volumen:
$V = G \cdot h_k$

Oberfläche:
$O = 2 \cdot G + M$

Mantelfläche:
M = Summe der Seitenflächen
$M = u_{\text{Grundfläche}} \cdot h_k$

Beispiel:
gegeben: rechtwinkliges Dreiecksprisma mit a = 9 cm, b = 12 cm, c = 15 cm, $h_k = 11$ cm
gesucht: O, V

$$G = \frac{9\text{ cm} \cdot 12\text{ cm}}{2}$$
$$G = 54\text{ cm}^2$$

$$u = 9\text{ cm} + 12\text{ cm} + 15\text{ cm}$$
$$u = 36\text{ cm}$$

$$O = 2 \cdot 54\text{ cm}^2 + 36\text{ cm} \cdot 11\text{ cm}$$
$$O = 504\text{ cm}^2$$

$$V = 54\text{ cm}^2 \cdot 11\text{ cm}$$
$$V = 594\text{ cm}^3$$

Aufgaben

159. Berechne die Volumen und die Oberflächen der Prismen mit folgenden Grundflächen:

a) Dreieck: $a = 2{,}3$ cm; $b = 3{,}3$ cm; $c = 2{,}8$ cm; $h_c = 3$ cm; $h_k = 9$ cm

b) Parallelogramm: $a = c = 10$ cm; $b = d = 4{,}8$ cm; $h_a = 4$ cm; $h_k = 5{,}4$ cm

160. Ein Prisma mit trapezförmiger Grundfläche ($a = 9$ cm; $c = 4$ cm; $h = 7$ cm) hat ein Volumen von $568{,}75\ \text{cm}^3$. Berechne die Höhe des Prismas.

Quadratische Pyramide

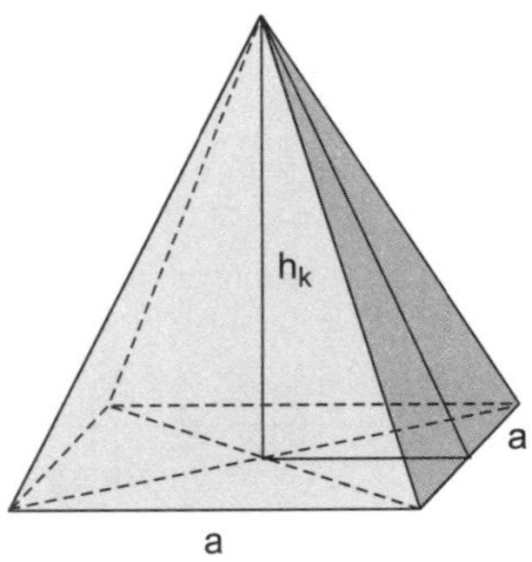

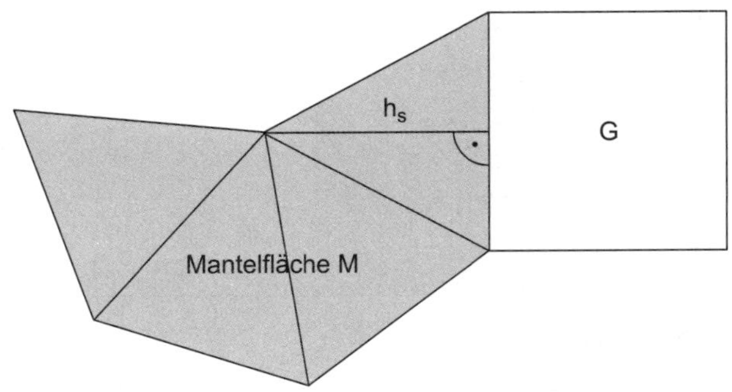

Volumen:

$$V = \frac{1}{3} \cdot G \cdot h_k$$

$$V = \frac{1}{3} \cdot a^2 \cdot h_k$$

Oberfläche:

$O = G + M$

Mantelfläche:

M = Summe der Flächeninhalte der Seitendreiecke (A_D)

$M = A_D + A_D + A_D + A_D$

$M = 4 \cdot A_D$

Beispiele:

a) gegeben: $a = 5$ cm, $h_k = 12$ cm
gesucht: V

$$V = \frac{1}{3} \cdot (5\ \text{cm})^2 \cdot 12\ \text{cm}$$

$$V = 100\ \text{cm}^3$$

b) gegeben: $V = 605\ \text{cm}^3$, $G = 121\ \text{cm}^2$
gesucht: h_k

$$605\ \text{cm}^3 = \frac{1}{3} \cdot 121\ \text{cm}^2 \cdot h_k \quad | \cdot 3$$

$$1815\ \text{cm}^3 = 121\ \text{cm}^2 \cdot h_k \quad | : 121\ \text{cm}^2$$

$$h_k = 15\ \text{cm}$$

Aufgaben

161. Berechne das Volumen der quadratischen Pyramiden. Runde auf 2 Dezimalstellen.

a) $a = 7$ cm
$h_k = 12$ cm

b) $a = 10$ cm
$h_k = 14{,}5$ cm

c) $a = 13{,}4$ cm
$h_k = 16{,}5$ cm

d) $a = 8{,}9$ cm
$h_k = 9{,}7$ cm

162. Berechne die Höhen der folgenden quadratischen Pyramiden. Runde auf 2 Dezimalstellen.

a) $V = 510\ cm^3$
$a = 10{,}5\ cm$

b) $V = 3\,000\ cm^3$
$a = 14{,}5\ cm$

163. Berechne das Volumen einer quadratischen Pyramide, deren Grundfläche die Seitenlänge $a = 9$ cm hat und deren Höhe $h_k = 13{,}5$ cm beträgt.

164. Eine quadratische Pyramide hat ein Volumen von $V = 2\,000\ cm^3$. Die Grundfläche hat eine Seitenlänge von 20 cm. Berechne die Länge der Höhe h_k.

Zylinder

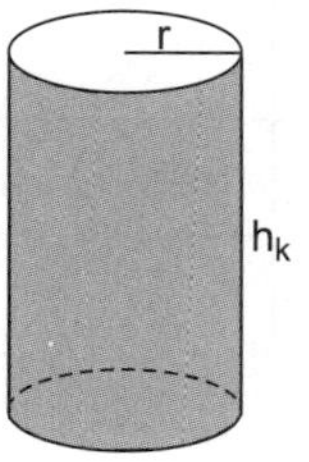

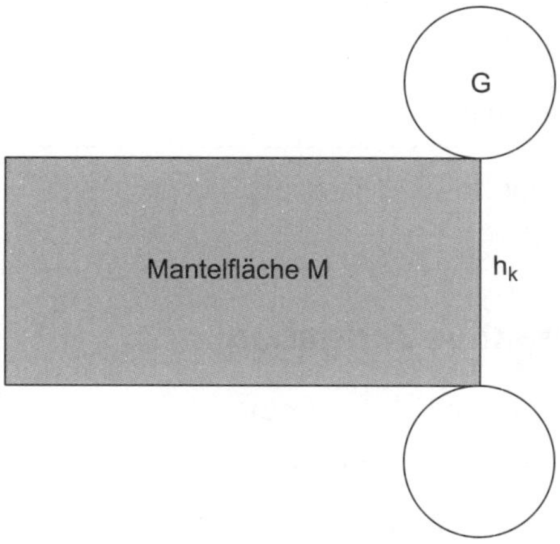

Volumen:

$V = G \cdot h_k$

$V = \pi \cdot r^2 \cdot h_k$

$V = \frac{\pi}{4} \cdot d^2 \cdot h_k$

Mantelfläche:

$M = 2 \cdot \pi \cdot r \cdot h_k$

Oberfläche:

$O = 2 \cdot G + M$

$O = 2 \cdot \pi \cdot r^2 + 2 \cdot \pi \cdot r \cdot h_k$

$O = \frac{\pi}{2} \cdot d^2 + \pi \cdot d \cdot h_k$

Beispiele:

a) gegeben: $r = 7$ cm, $h_k = 18$ cm
gesucht: V, M, O

$V = \pi \cdot (7\ cm)^2 \cdot 18\ cm$
$V \approx 2\,770{,}9\ cm^3$

$M = 2 \cdot \pi \cdot 7\ cm \cdot 18\ cm$
$M \approx 791{,}7\ cm^2$

$O = 2 \cdot \pi \cdot (7\ cm)^2 + 791{,}7\ cm^2$
$O = 307{,}9\ cm^2 + 791{,}7\ cm^2$
$O = 1\,099{,}6\ cm^2$

b) gegeben: $V = 942\ cm^3$, $h_k = 12$ cm
gesucht: r

$942\ cm^3 = \pi \cdot r^2 \cdot 12\ cm \quad |:\pi$
$300\ cm^3 \approx r^2 \cdot 12\ cm \quad |:12\ cm$
$25\ cm^2 = r^2 \quad |\sqrt{\ }$
$5\ cm = r$

Aufgaben

165. Das Volumen eines Zylinders beträgt 16 964,6 cm^3, seine Höhe 24 cm. Berechne den Radius.

166. Ein zylinderförmiges Silo hat eine Standfläche von 616 m^2. Es fasst 17 241 m^3 Getreide. Berechne den Radius, die Höhe und die Mantelfläche des Silos.

167. Berechne die fehlenden Werte der Zylinder. Runde auf 2 Dezimalstellen.

	a)	b)	c)	d)	e)
Radius r	4,7 cm	7,6 m			8,5 dm
Grundfläche G			24,6 cm^2		
Höhe h_k	12,3 cm		42,8 cm	102,5 m	
Volumen V		1 379,1 m^3		1 689,41 m^3	
Mantelfläche M					895,41 dm^2
Oberfläche O					

Interaktive Aufgaben

5. Prisma mit dreieckiger Grundfläche
6. Parallelogramm als Grundfläche
7. Volumen quadratische Pyramide
8. Höhe quadratische Pyramide
9. Kreiszylinder
10. Kakaodose

Kegel

Mantellinie s:

$s^2 = h_k^2 + r^2$ (Satz des Pythagoras)

Volumen:

$$V = \frac{1}{3} \cdot \pi \cdot r^2 \cdot h_k$$

$$V = \frac{1}{12} \cdot \pi \cdot d^2 \cdot h_k$$

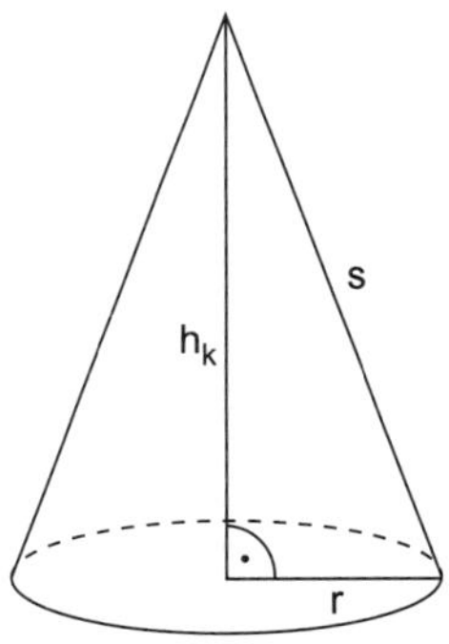

Beispiele:

a) gegeben: $r = 3$ cm, $h_k = 4$ cm
gesucht: V

$$V = \frac{1}{3} \cdot \pi \cdot (3\,cm)^2 \cdot 4\,cm$$

$$V \approx 37{,}7\,cm^3$$

b) gegeben: $V = 1\,780\,cm^3$, $r = 9$ cm
gesucht: h_k

$$1\,780\,cm^3 = \frac{1}{3} \cdot \pi \cdot (9\,cm)^2 \cdot h_k \quad |\cdot 3$$

$$5\,340\,cm^3 = \pi \cdot (9\,cm)^2 \cdot h_k \quad |:\pi\ :(9\,cm)^2$$

$$h_k \approx 21{,}0\,cm$$

Aufgaben

168. Berechne das Kegelvolumen. Runde auf 2 Dezimalstellen.

a) $r = 7$ cm
$h_k = 15$ cm

b) $r = 8{,}5$ cm
$h_k = 17{,}3$ cm

c) $d = 14{,}4$ cm
$h_k = 9$ cm

d) $d = 7$ cm
$h_k = 12$ cm

169. Berechne den Radius eines Kegels, wenn das Volumen $V = 1\,500\ cm^3$ beträgt und die Höhe $h_k = 15$ cm ist.

Kugel

Volumen:

$$V = \frac{4}{3} \cdot \pi \cdot r^3$$

Oberfläche:

$$O = 4 \cdot \pi \cdot r^2$$

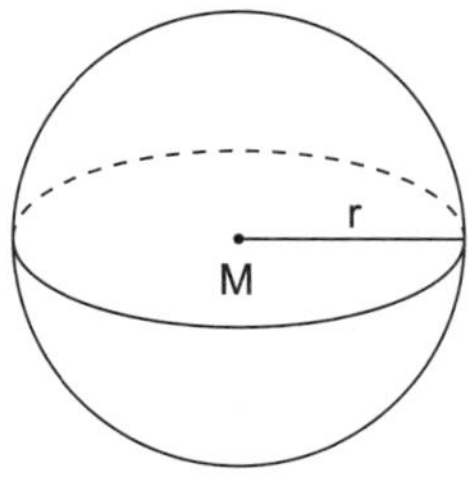

Beispiele:

a) gegeben: $r = 2{,}9$ dm
gesucht: V

$$V = \frac{4}{3} \cdot \pi \cdot (2{,}9\ dm)^3$$
$$V \approx 102{,}2\ dm^3$$

b) gegeben: $d = 7{,}2$ cm $\Rightarrow$ $r = 3{,}6$ cm
gesucht: O

$$O = 4 \cdot \pi \cdot (3{,}6\ cm)^2$$
$$O \approx 162{,}9\ cm^2$$

c) gegeben: $V = 27\ cm^3$
gesucht: r

$$27\ cm^3 = \frac{4}{3} \cdot \pi \cdot r^3 \quad |\cdot 3$$
$$81\ cm^3 = 4 \cdot \pi \cdot r^3 \quad |:4\ :\pi$$
$$r^3 \approx 6{,}4\ cm^3 \quad |\sqrt[3]{\ }$$
$$r \approx 1{,}9\ cm$$

d) gegeben: $O = 15\ cm^2$
gesucht: r

$$15\ cm^2 = 4 \cdot \pi \cdot r^2 \quad |:4\ :\pi$$
$$r^2 \approx 1{,}2\ cm^2 \quad |\sqrt{\ }$$
$$r \approx 1{,}1\ cm$$

Aufgaben

170. Berechne das Volumen der Kugeln. Runde auf 2 Dezimalstellen.

a) $r = 12{,}8$ cm

b) $d = 16{,}5$ mm

171. Berechne die Oberfläche der Kugeln. Runde auf 2 Dezimalstellen.

a) $r = 3{,}18$ m

b) $d = 4{,}6$ cm

172. Die Kugel auf dem Berliner Fernsehturm hat einen Durchmesser von 32 m. Berechne das Volumen und die Oberfläche der Kugel. Runde auf ganze Kubikmeter bzw. Quadratmeter.

173. Ein Freiluftballon hat einen Durchmesser von 16 m. Er ist mit Helium gefüllt.
1 m^3 Helium wiegt 0,179 kg. Berechne die Masse des Heliums in dem Ballon.
Runde auf ganze Kilogramm.

174. Berechne den Durchmesser eines Tischtennisballes mit einer Oberfläche von 45,4 cm^2.

Interaktive Aufgaben

11. Kegel
12. Bowlingkugel
13. Oberfläche einer Kugel

Stochastik

Einstufiger Zufallsversuch

Versuche, bei denen verschiedene, nicht sicher vorhersehbare Ergebnisse auftreten, heißen **Zufallsversuche** (Beispiele: Würfelwurf, Münzwurf, Glücksrad, Lotto).

Die **Wahrscheinlichkeit**, mit der ein Ergebnis eintritt, berechnet sich als

$$\text{Wahrscheinlichkeit} = \frac{\text{Anzahl der günstigen Ergebnisse}}{\text{Anzahl aller möglichen Ergebnisse}}.$$

Beispiel:
Janina wirft einen 6-seitigen Würfel. Wie groß ist die Wahrscheinlichkeit, dass sie eine gerade Augenzahl würfelt?
mögliche Ergebnisse: 1, 2, 3, 4, 5, 6
günstige Ergebnisse: 2, 4, 6

$$\text{Wahrscheinlichkeit (gerade Augenzahl)} = \frac{3}{6} = \frac{1}{2} = 0{,}5 = 50\ \%$$

Aufgaben

175. Sabine würfelt mit einem normalen Spielwürfel.
Wie groß ist die Wahrscheinlichkeit, dass die Augenzahl durch 2 oder durch 3 teilbar ist?
Gib das Ergebnis als gekürzten Bruch, als Dezimalbruch und in Prozent an.

176. Auf einem Glücksrad sind die Zahlen 1 bis 24 abgebildet.
- Pia gewinnt, wenn eine durch 3 teilbare Zahl gedreht wird.
- Ben gewinnt, wenn die gedrehte Zahl größer als 17 ist.

Gib die Wahrscheinlichkeit dafür an, dass beim Drehen des Glücksrades keiner von beiden gewinnt.

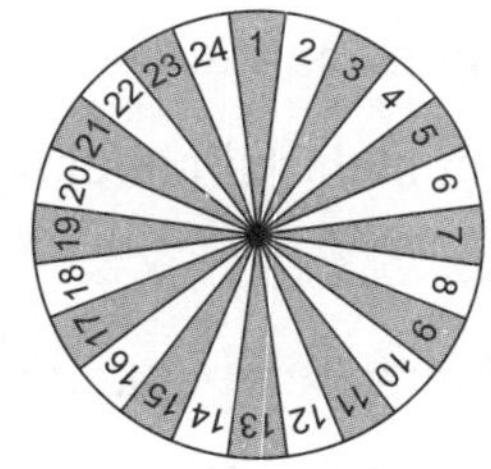

177. In einer Urne befinden sich weiße und schwarze Kugeln. Zusammen sind es 48 Kugeln.
Die Wahrscheinlichkeit, eine weiße Kugel zu ziehen, beträgt $\frac{2}{3}$.
Bestimme die Anzahl der weißen und schwarzen Kugeln.

178. In einer Lostrommel befinden sich folgende Lose:
285 Nieten, 12 DVD-Player, 2 Fahrräder, 1 Auto

a) Gib die Wahrscheinlichkeit dafür an, mit einem Los eine Niete zu ziehen.

b) Bestimme die Wahrscheinlichkeit dafür, mit einem Los das Auto zu gewinnen.

c) Wie groß ist die Wahrscheinlichkeit, mit einem Los einen Gewinn zu ziehen?

179. Sandra und Max spielen mit einem 6-seitigen Würfel. Sie vereinbaren folgende Regeln:
- Sandra erhält einen Punkt, wenn die Augenzahl kleiner als 3 ist.
- Max erhält einen Punkt, wenn die Augenzahl größer als 3 ist.
- Gewonnen hat, wer zuerst 10 Punkte erreicht.

Wer hat die besseren Gewinnchancen? Begründe deine Antwort.

Mehrstufiger Zufallsversuch

Wird ein Zufallsversuch 2-mal (3-mal, mehrmals) durchgeführt, spricht man von einem **2-stufigen (3-stufigen, mehrstufigen) Zufallsversuch**.
Die Ergebnisse lassen sich übersichtlich in einem **Baumdiagramm** darstellen.

Beispiel:
Eine Münze wird 2-mal hintereinander geworfen. Zeichne ein Baumdiagramm.

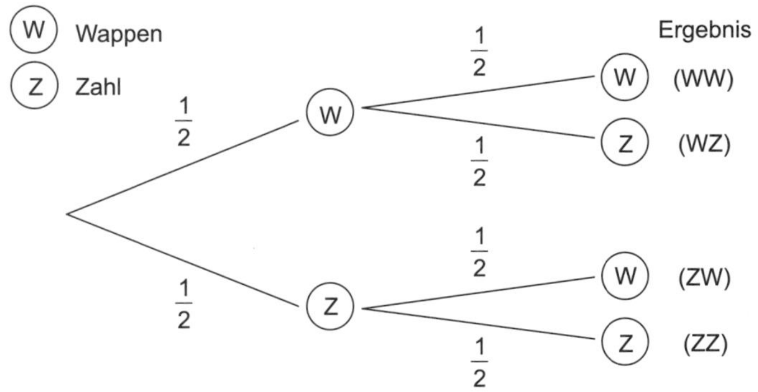

1. Pfadregel: Die Wahrscheinlichkeit eines Ergebnisses ergibt sich aus dem Produkt der Wahrscheinlichkeiten entlang des Pfades.
2. Pfadregel: Gehören mehrere Pfade zum selben Ereignis, ist die Wahrscheinlichkeit für dieses Ereignis gleich der Summe der Einzelwahrscheinlichkeiten.

Beispiel:
Eine Münze wird 2-mal hintereinander geworfen.

Wahrscheinlichkeit (2-mal Wappen) =
$$\text{Wahrscheinlichkeit (WW)} = \frac{1}{2} \cdot \frac{1}{2} = \frac{1}{4} = 0{,}25 = 25\,\%$$

Wahrscheinlichkeit (genau einmal Zahl) =
$$\text{Wahrscheinlichkeit ((WZ), (ZW))} = \frac{1}{2} \cdot \frac{1}{2} + \frac{1}{2} \cdot \frac{1}{2} = \frac{1}{4} + \frac{1}{4} = \frac{2}{4} = \frac{1}{2} = 0{,}5 = 50\,\%$$

Aufgaben

180. Eine Münze wird 2-mal hintereinander geworfen. Ermittle mithilfe eines Baumdiagramms die Wahrscheinlichkeit dafür, dass …

a) 2-mal Zahl erscheint.

b) nicht 2 gleiche Ausgänge aufeinanderfolgen.

181. Wie groß ist beim Würfeln die Wahrscheinlichkeit, …

a) 2 Sechsen hintereinander zu werfen?

b) zuerst eine Sechs und dann keine Sechs zu werfen?

c) eine Sechs und keine Sechs zu werfen (ohne Beachtung der Reihenfolge)?

182. In einer Urne befinden sich 5 blaue, 3 gelbe und 4 rote Kugeln. Aus der Urne werden nacheinander 3 Kugeln gezogen, **ohne** sie zurückzulegen.

a) Gib die Wahrscheinlichkeit dafür an, dass man zuerst eine rote Kugel zieht.

b) Bestimme die Wahrscheinlichkeit dafür, dass man alle 3 gelben Kugeln zieht.

c) Tina wettet: „Ich ziehe von jeder Farbe eine Kugel!“
Gib alle möglichen Zug-Reihenfolgen (Kombinationen) an, bei der Tina die Wette gewinnt.

183. In einem Schnellimbiss besteht ein Menü aus einem Burger, einer Beilage und einem Getränk.
Tom bestellt ein Überraschungsmenü.

a) Gib an, wie viele verschiedene Menüs Tom erhalten kann.

b) Ermittle die Wahrscheinlichkeit dafür, dass er Pommes als Beilage erhält.

c) Gib die Wahrscheinlichkeit dafür an, dass er einen Cheeseburger mit Chief Salad bekommt.

d) Bestimme die Wahrscheinlichkeit dafür, dass er kein Wasser bekommt.

Schnellimbiss
BURGER CHIEF

Burger	**Getränk**
Hamburger	Wasser
Cheesburger	Apfelschorle
Chickenburger	Limonade

Beilage
Pommes Frites
Chief Salad

Interaktive Aufgaben

1. Glücksrad
2. Pläne
3. Kugel in Urne
4. Baumdiagramm ausfüllen
5. Produktformel

Aufgabengruppe I (ohne Taschenrechner)

1. 3 750 m + 0,371 km − 123,8 dm = ______

Platz zum Rechnen:

2. Ein Lkw mit einer Nutzlast von 12 t soll aus einem Baumarkt Ziegelsteine holen.
Berechne, wie viele Ziegel der Lkw höchstens laden darf, wenn ein Ziegelstein 1,6 kg wiegt.

Platz zum Rechnen:

3. In einem Reitstall mit 15 Pferden reicht das gekaufte Futter für 35 Tage.
Berechne, wie lange dieser Futtervorrat für 21 Pferde reichen würden, wenn alle Tiere gleich viel fressen.

Platz zum Rechnen:

4. 16 % einer Flüssigkeitsmenge sind 24 ℓ. Berechne die Gesamtmenge.

Platz zum Rechnen:

5. Löse die Gleichung.

$7x + 43 = 2x + 98$

Platz zum Rechnen:

6. Wie viel kg sind 14 % von 800 kg?

Platz zum Rechnen:

7. Berechne.

a) $\frac{5}{8} \cdot \frac{5}{12} \cdot \frac{2}{5} =$

b) $3{,}45 \cdot 2{,}8 =$

c) $8{,}5 : 2{,}5 =$

d) $27{,}15 : 1\,000 =$

e) $1{,}48 \cdot 100 =$

Platz zum Rechnen:

8. Tim hat einen Schulweg von 1,2 km. Ein Drittel der Strecke hat er schon zurückgelegt. Gib an, wie viele km er noch vor sich hat.

Tim hat noch ☐ km vor sich.

9. Berechne die Lösung.

$-144:(-89+65)-(103-121)\cdot 3=$

Platz zum Rechnen:

10. $15\text{ min}+720\text{ s}-\frac{1}{4}\text{h}=$ ☐

Gib das Ergebnis in Minuten an.

Platz zum Rechnen:

11. Ein Quadrat hat einen Flächeninhalt von 121 cm^2.
Bestimme die Länge einer Quadratseite.

Platz zum Rechnen:

12. Berechne z.

$14z+9+4z-3-7z=28$

Platz zum Rechnen:

13. Gib die Größe des gesuchten Winkels an.

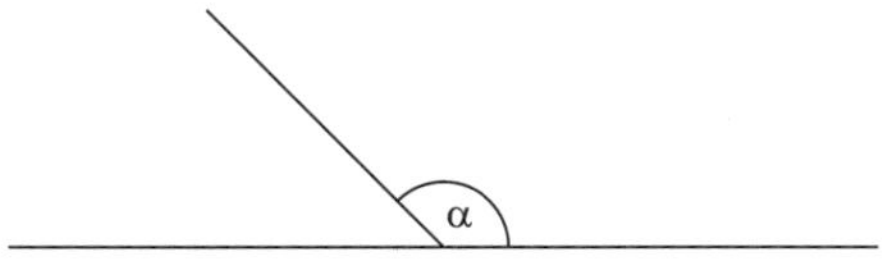

$\alpha =$ ☐

14. Gib an, wie viel Prozent der Fläche grau eingefärbt sind.

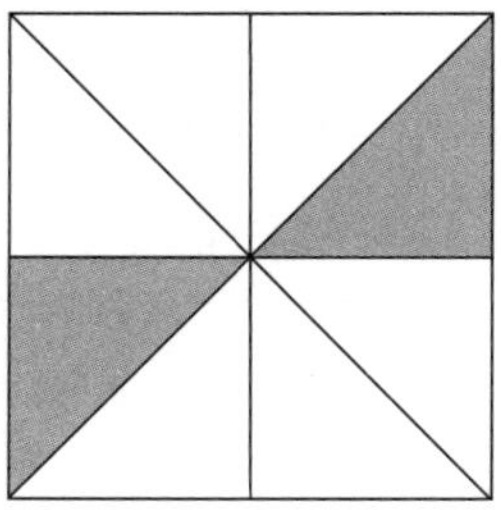

15. 11 Rollen Tapete kosten 115,50 €.
Berechne den Preis für 17 Rollen der gleichen Sorte.

Platz zum Rechnen:

16. In einem gleichschenkligen Dreieck ist der Winkel $\gamma = 62°$.
Berechne die Größe der Winkel α und β.

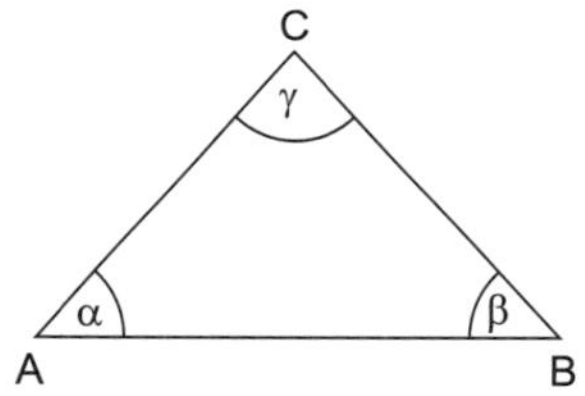

Platz zum Rechnen:

17. Kreuze das richtige Ergebnis an.

$3^4 =$

☐ 12 ☐ 81 ☐ 27 ☐ 7

18. Aus welchen der dargestellten Netze kann man einen Würfel bauen? Kreuze an.

☐ 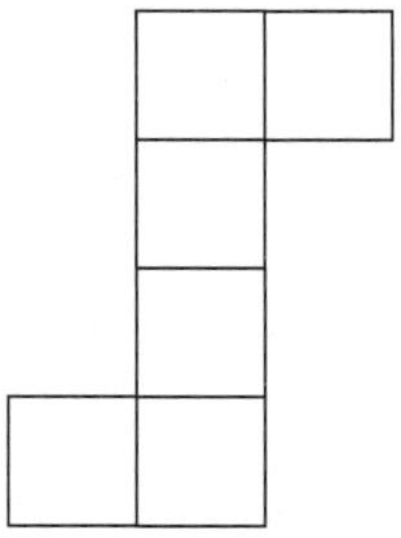

☐ 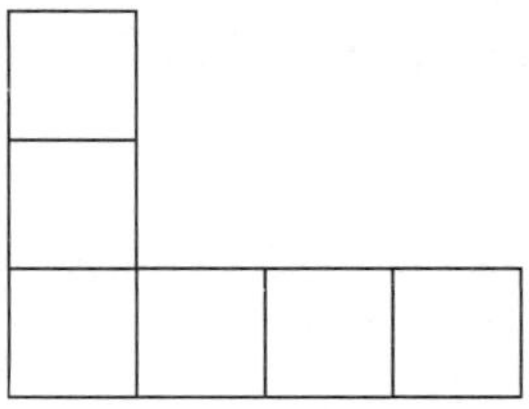

☐ 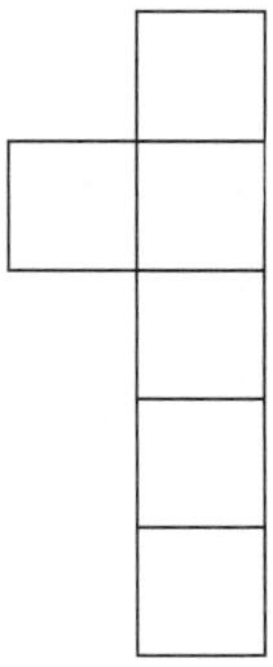

☐ 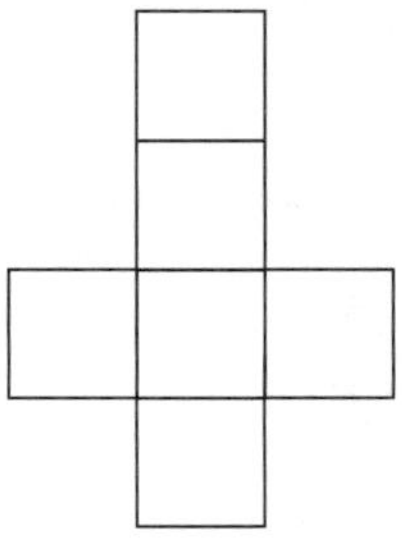

19. Lisa ist von 10.51 Uhr bis 13.37 Uhr beim Schwimmen.
Gib die Dauer an.

Lisa war ☐ min beim Schwimmen.

20. 24 053 : 60 ≈
In welcher Größenordnung liegt das Ergebnis in etwa? Kreuze an.

☐ 40

☐ 400

☐ 4 000

21. Ein Rechteck hat einen Flächeninhalt von 143 cm^2. Die Breite des Rechtecks beträgt 11 cm.
Berechne die Länge des Rechtecks.

Platz zum Rechnen:

22. Ordne die Angaben der Größe nach. Beginne mit dem kleinsten Wert.

0,018 kg; 17 g; 0,45 kg; 148 g; 0,0023 kg; 123 g

Platz zum Rechnen:

23. Setze die gegebenen Zahlen in den Term ein und berechne den Wert des Terms.

$10x(5+12x-8y)$ $\quad x=-5$

$y=-10$

Platz zum Rechnen:

24. Von einem rechtwinkligen Dreieck sind a und b gegeben.
Berechne den Umfang des Dreiecks.

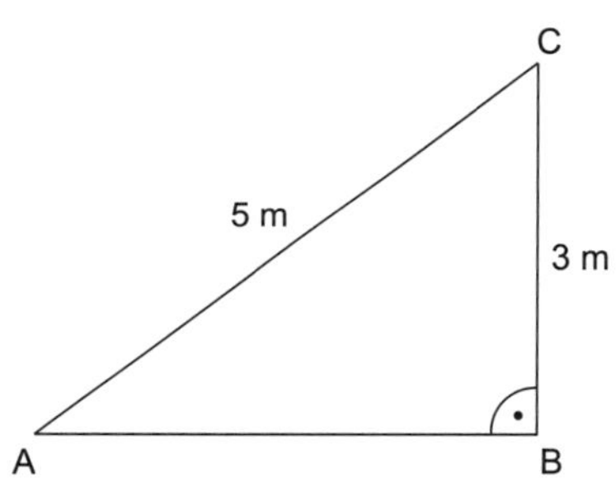

Platz zum Rechnen:

25. Trage die fehlenden Zahlen am Zahlenstrahl ein.

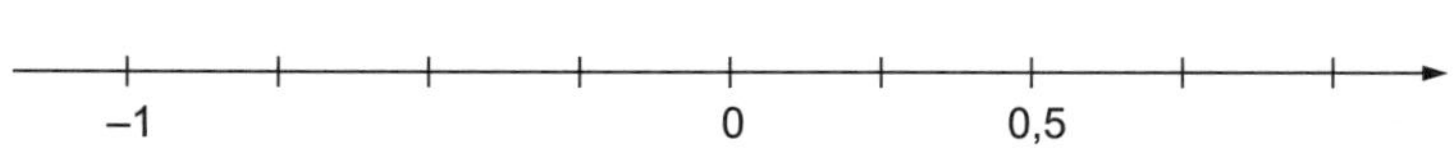

26. Zeichne eine quadratische Pyramide mit der Grundseite $a=3$ cm und der Höhe $h=5$ cm im Schrägbild.

27. Von seinem monatlichen Lehrlingsgeld von 390 € spart Tobias 97,50 €.
Berechne, wie viel Prozent seines Lehrlingsgehalts er monatlich spart.

Platz zum Rechnen:

28. Die Summe der Augenzahlen auf den gegenüberliegenden Seiten eines Spielwürfels ergibt immer 7. Kreuze die Netze an, bei denen diese Forderung erfüllt ist.

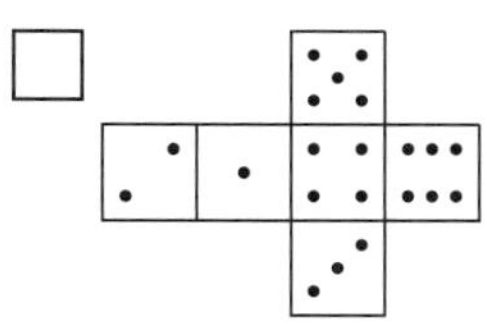

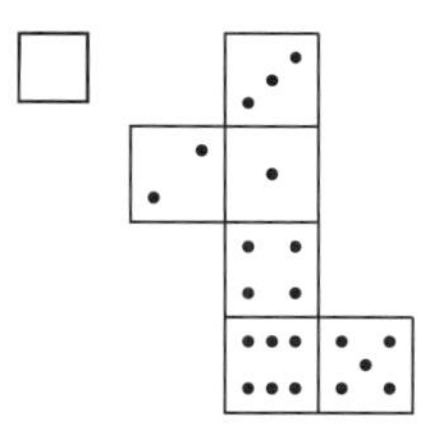

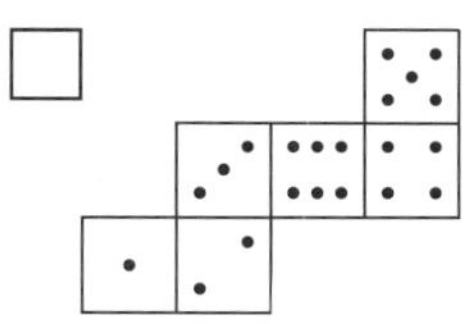

29. Konstruiere ein Dreieck mit den angegebenen Werten. Erstelle auch eine Planfigur.

$c=7$ cm
$\alpha=38°$
$\beta=55°$

30. Ein Wasserkanal hat die abgebildeten Abmessungen.
Berechne die Größe der Querschnittsfläche des Kanals.

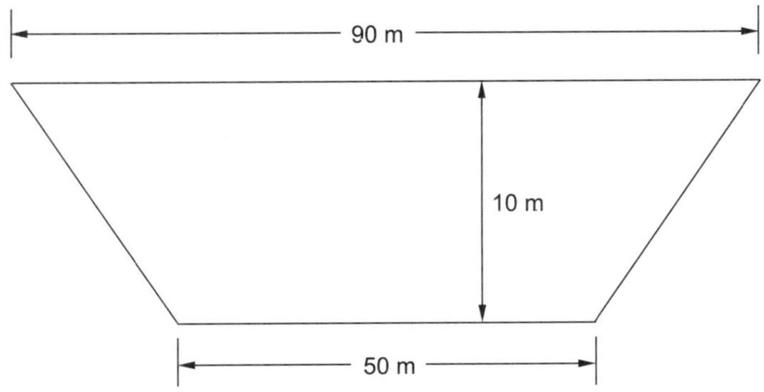

Platz zum Rechnen:

31. Wie lautet der passende Term zu folgendem Zahlenrätsel? Kreuze an.

„Bilde den Quotienten aus der 6-Fachen Differenz einer Zahl und 8 und der doppelten Summe aus dem 3-Fachen der Zahl und 0,5.“

- ☐ $6(x-8):(3x+0{,}5)\cdot 2$
- ☐ $6x-8:2\cdot 3x+0{,}5$
- ☐ $(6-x):8+2(3x+0{,}5)$

32. Gib den prozentualen Anteil der grau gefärbten Fläche an.

a)

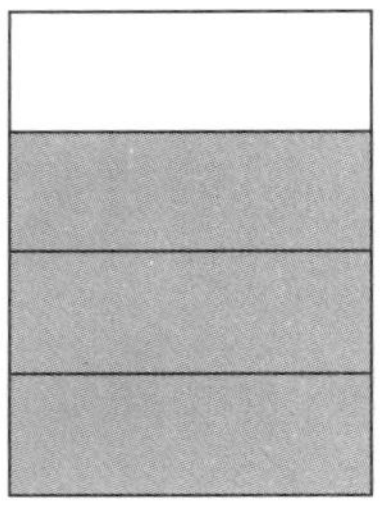

b)

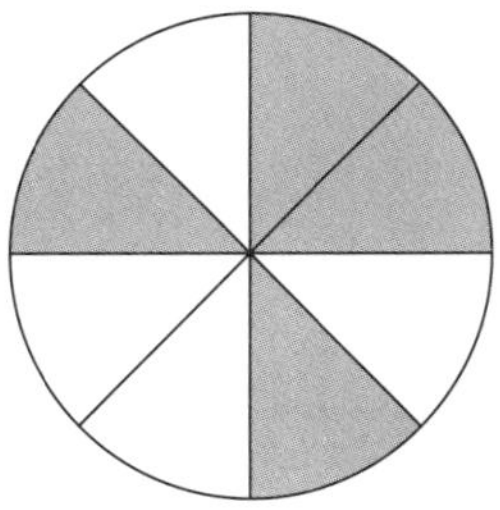

33. Gib die Größe des gesuchten Winkels an.

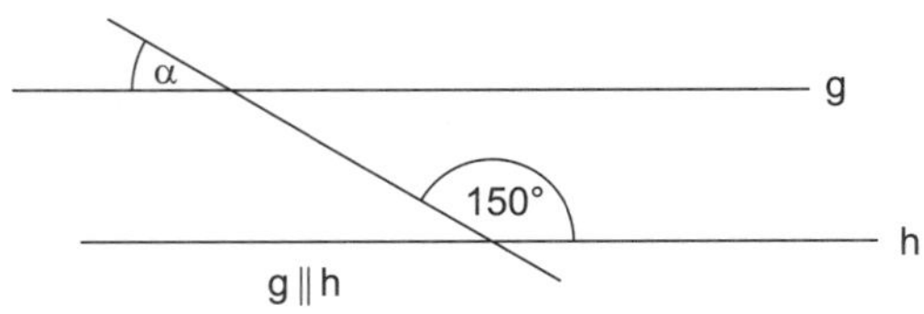

Abbildung nicht maßstabsgetreu

$\alpha =$

Aufgabengruppe II (mit Taschenrechner):

1. Eine Regentonne hat die Form eines Kreiszylinders mit einer Höhe von 1,25 m und einem Durchmesser von 1,00 m.

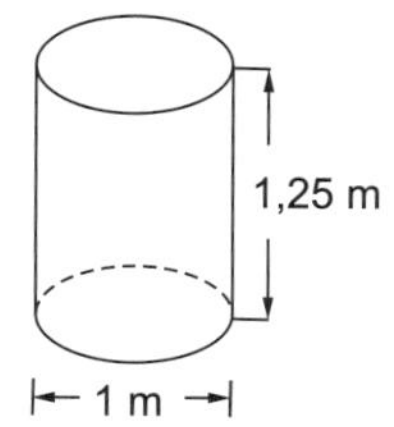

Berechne, wie viel Liter Wasser in die Tonne passen, wenn diese bis zum Rand gefüllt ist.

2. Lies den folgenden Text genau durch und beantworte dann die dazugehörigen Fragen. Wichtige Informationen kannst du unterstreichen.

Jedes Jahr entdecken Forscherinnen und Forscher neue Tier- und Pflanzenarten. Im Jahr 2013 wurden 18 000 bisher unentdeckte Gattungen beschrieben.

Der in Thailand und Burma beheimatete Kaweesaks Drachenbaum war beispielsweise lange Zeit unbekannt, obwohl er bis zu 12 m hoch werden kann. Dass die nur 3 mm große Skelettkrabbe bisher unentdeckt blieb, ist da schon weniger erstaunlich. Sie wurde an der Küste Südkaliforniens aufgespürt. Der Anden-Makibär wurde in den Andenwäldern Ecuadors gesichtet. Er ist das erste fleischfressende Säugetier, dass in den letzten 35 Jahren in den westlichen Regionen neu entdeckt wurde.

Auch in den nächsten Jahren wird es noch viel aufzuspüren geben: Es wird geschätzt, dass erst 2 Millionen von insgesamt 12 Millionen Arten weltweit bekannt sind.

a) Gib an, wie lange in den westlichen Regionen vor 2013 kein fleischfressendes Säugetier mehr entdeckt wurde.

b) Berechne, wie viele Skelettkrabben zusammen so groß wie ein Kaweesaks Drachenbaum sind.

c) Berechne, wie viel Prozent der Arten weltweit schätzungsweise noch unentdeckt sind.

3. Eine Jacke kostet 80,00 €. Für eine Ausverkaufsaktion wird der Preis um 20 % gesenkt.
Nach dem Ende der Aktion wird der Preis wieder um 20 % erhöht.
Johanna geht davon aus, dass die Jacke nun wieder 80,00 € kostet.
Was sagst du dazu? Begründe deine Meinung.

4. Von den 645 Schülerinnen und Schülern einer Schule kommen 372 mit dem Bus, 87 mit dem Fahrrad, 52 werden mit dem Pkw gebracht. Der Rest kommt zu Fuß.

a) Berechne, wie viele Schülerinnen und Schüler zu Fuß in die Schule kommen.

b) Bestimme, wie viel Prozent der Schülerinnen und Schüler mit dem Fahrrad kommen.

5. a) Zeichne einen Quader im Schrägbild mit a=8 cm, b=6 cm und c=4 cm.

b) Berechne die Höhe eines Quaders mit den Seiten a=8 cm und b=6 cm, wenn sein Volumen 96 cm^3 beträgt.

c) Berechne den Oberflächeninhalt des Quaders aus Aufgabe b.

6. Familie Müller hat 9 500 € gespart und möchte dieses Geld für 3 Jahre gewinnbringend anlegen.

Bank A bietet:
- für das 1. Jahr 1,75 %
- für das 2. Jahr 2,15 %
- für das 3. Jahr 2,50 %

Bank B bietet:
- für alle 3 Jahre 2,2 %

Bestimme, welches Angebot mehr Zinsen bringt (die Zinsen werden jeweils mitverzinst).

7. Ein 10 000-m-Läufer benötigt für eine Stadionrunde (400 m) 62 Sekunden.

a) Gib an, wie viel Zeit er bei gleichbleibendem Tempo für 1 000 m braucht.

b) Berechne die Strecke, die er nach 20 Minuten und 40 Sekunden bei gleichbleibendem Tempo gelaufen ist.
(Gib das Ergebnis in Kilometern und in Anzahl der Stadionrunden an.)

8. Aus einem quadratischen Blech werden 2 halbe Kreise ausgeschnitten.

a) Berechne den Flächeninhalt der grauen Fläche.

b) Berechne den Umfang der grauen Fläche.

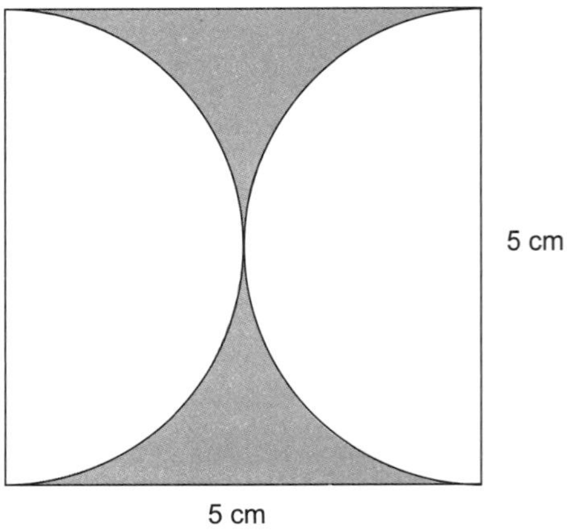

9. Herr Konrad tankt 42 ℓ Kraftstoff und bezahlt dafür 62,16 €.

a) Herr Kunz tankt die gleiche Sorte Kraftstoff und bezahlt 59,20 €.
Berechne, wie viel Liter er getankt hat.

b) Frau Munzert tankt 35 ℓ der gleichen Sorte.
Berechne die Kosten.

10. Familie Schumann möchte eine 53 m^2 große Fläche pflastern.
Die Pflastersteine kosten 9,60 € pro Quadratmeter plus 19 % Mehrwertsteuer.
Für den Transport bezahlt die Familie 65 €.
Berechne die Gesamtkosten.

11. Die Züge A und B fahren die 330 km lange Strecke von Kassel nach Hamburg (siehe Diagramm).

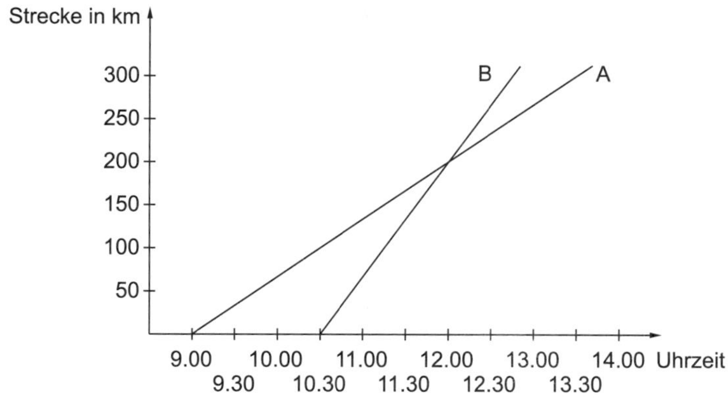

a) Gib an, wann sich die beiden Züge treffen.

b) Bestimme, wie lange Zug A von Kassel nach Hamburg braucht.

c) Gib an, wie viele Kilometer Zug B nach dem Treffen noch vor sich hat.

d) Bestimme, wie lange Zug A bis zum Treffpunkt benötigt.

12. Bei einer Verkehrszählung an einer stark befahrenen Straße werden in einer Stunde 233 Pkw, 87 Lkw, 42 Motorräder und 18 Busse gezählt.

a) Berechne den prozentualen Anteil der Pkw, Lkw, Motorräder und Busse am gesamten Fahrzeugaufkommen.

b) Stelle den Sachverhalt in einem geeigneten Diagramm dar.

13. Eine Wandergruppe legt in 3 Stunden 12,6 km zurück.

a) Berechne die Strecke, die die Gruppe bei gleichbleibendem Tempo in $4\frac{1}{2}$ Stunden wandert.

b) Berechne, wie viele Stunden und Minuten die Gruppe bei gleichem Tempo für 22,4 km braucht.

14. In der AG Informatik wurde der ungefähre Computerkonsum der Teilnehmerinnen und Teilnehmer in einer Woche untersucht.

ca. 6 h	ca. 12 h	ca. 18 h	ca. 24 h	ca. 30 h	ca. 36 h	ca. 42 h
1	5	6	8	3	1	1

a) Bestimme die relativen Häufigkeiten in Prozent.

b) Berechne, wie viel Zeit alle zusammen pro Woche vor dem Computer verbringen.

c) Berechne, wie viele Stunden jeder der Jugendlichen durchschnittlich pro Woche vor dem Computer verbringt.

15. Gegeben ist folgende Figur:

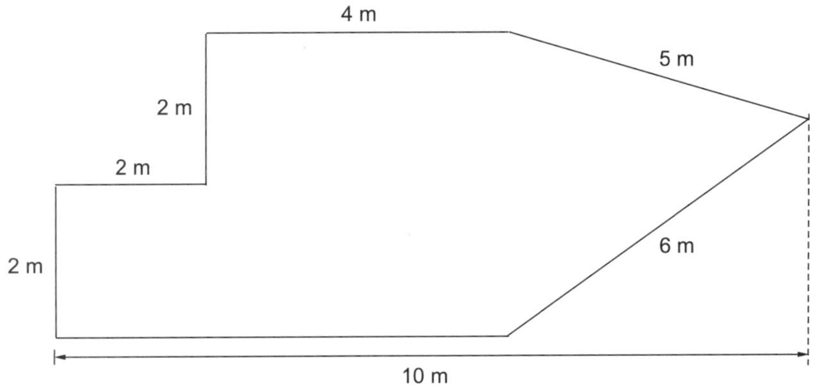

a) Berechne den Flächeninhalt der Figur.

b) Berechne den Umfang der Figur.

16. Die Tabelle zeigt die monatlichen Durchschnittstemperaturen der Stadt Churchill in Nordkanada.

Monat	Jan.	Feb.	März	Apr.	Mai	Juni	Juli	Aug.	Sept.	Okt.	Nov.	Dez.
Temp. in °C	–28	–26	–20	–11	–2	6	12	12	6	–1	–12	–22

a) Berechne die durchschnittliche Jahrestemperatur.

b) Gib den Unterschied zwischen der niedrigsten und der höchsten monatlichen Durchschnittstemperatur an.

17. In einer Klasse sind 16 Mädchen und 13 Jungen. Der Lehrer hat 2 Freikarten für ein Eishockey-Spiel der Kassel Huskies, die er unter den Schülerinnen und Schülern seiner Klasse verlosen möchten. Dazu zieht er blind Kärtchen, auf denen die Namen der Jugendlichen stehen.

a) Bestimme die Wahrscheinlichkeit, dass beide Karten an 2 Jungen gehen.

b) Berechne die Wahrscheinlichkeit dafür, dass jeweils ein Junge und ein Mädchen eine Freikarte bekommen.

18. Gegeben sind die folgenden Punkte:

A(–4 | –2), B(2 | –2), C(0,5 | 1,5), D(–2,5 | 1,5)

a) Zeichne die Punkte in ein Koordinatensystem ein und verbinde sie.

b) Gib an, welche Fläche dargestellt ist.

c) Berechne den Flächeninhalt der Figur (entnimm die Maße der Zeichnung).

19. Das Diagramm zeigt die Energieträger der Stromgewinnung in Deutschland im Jahr 2019. Insgesamt wurden in diesem Jahr 516 TWh Energie erzeugt. (TWh = Terawattstunde = 1 000 000 000 kWh)

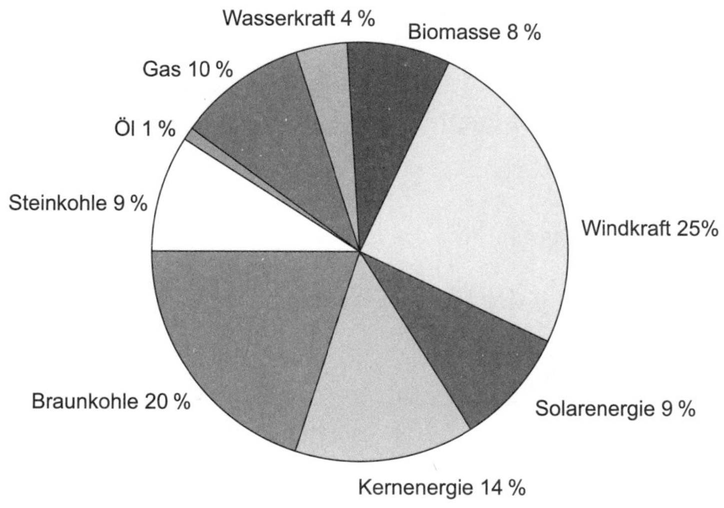

Quelle: Fraunhofer-Institut für Solare Energiesysteme ISE, 2020

a) Berechne, wie viele TWh mittels Kernenergie erzeugt wurden.

b) Berechne, wie viele TWh durch erneuerbare Energien (Wasserkraft, Biomasse, Windkraft und Solarenergie) erzeugt wurden.

20. Eine Parkanlage hat die folgende Form:

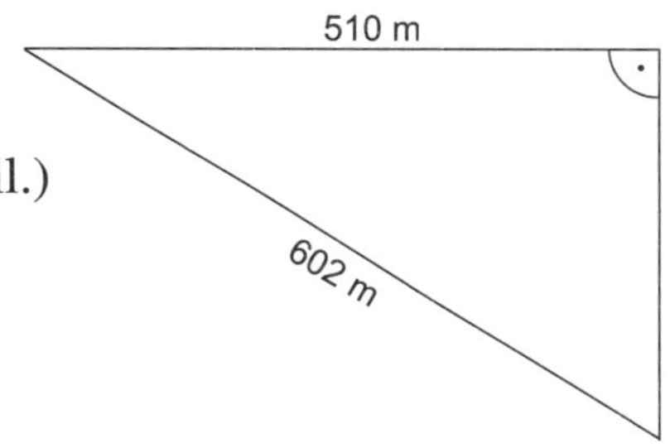

a) Berechne die Länge der fehlenden Seite (runde sinnvoll.)

b) Berechne den Flächeninhalt der Parkanlage.

c) Zeichne das Dreieck in einem geeigneten Maßstab.

21. In einem Park soll ein Springbrunnen mit einem Durchmesser von 8,5 m gebaut werden.

a) Berechne die Fläche, die der Springbrunnen einnimmt.

b) Bestimme, wie viel Liter Wasser sich im Brunnen befinden, wenn das Wasser 60 cm hoch steht.

22. Bestimme die Wahrscheinlichkeit, an einem Sonntag geboren zu sein.

23. Eine Kugel aus Kork hat einen Durchmesser von 42 cm.

a) Überlege: Kannst du diese Kugel tragen? (1 cm^3 Kork wiegt 0,3 g)

b) Berechne die Masse einer Kugel aus Kork, die den doppelten Durchmesser hat.

24. Familie Kurz möchte für einen Umzug einen kleinen Lkw mieten. Sie bekommt 2 Angebote:

	Grundgebühr pro Tag	Preis pro gefahrenem Kilometer
Angebot A	30,00 €	25 ct
Angebot B	45,00 €	15 ct

a) Stelle den Sachverhalt für die Mietdauer von einem Tag in einem geeigneten Diagramm dar.
y-Achse: Kosten in Euro (1 cm $\hat{=}$ 20 €)
x-Achse: gefahrene Kilometer (1 cm $\hat{=}$ 50 km)

b) Berechne jeweils die Kosten für den Umzug der Familie, wenn sie den Lkw 3 Tage mietet und insgesamt 300 km fährt.

25. Ein Angebot für einen neuen Pkw lautet:
Grundpreis: 17 240,00 €
\+ 19 % Mehrwertsteuer
\+ 450,00 € Überführung
\+ 230,00 € Metallic-Lackierung

a) Berechne den Endpreis des Pkw.

b) Familie Neubart kauft den Pkw und bekommt für ihr altes Auto noch 35 % des Kaufpreises des neuen Wagens.
Berechne, wie viel Euro die Familie noch bezahlen muss.

26. Ein Kanal hat die Form eines gleichschenkligen Trapezes. (siehe Skizze)

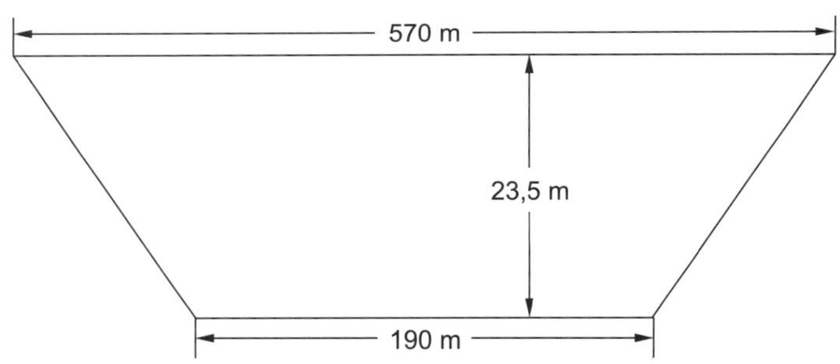

a) Berechne das Volumen des Kanals für eine Länge von 500 m.

b) Wie oft müssen 30 Lkw fahren, um die Erde für dieses Teilstück abzutransportieren, wenn jeder Lkw 20 m^3 laden kann?

27. Fasse zunächst zusammen und löse danach die Gleichung.
$11x - 47 + 6x + 1 = -3x + 64 - 2x$

28. Ein Rechteck hat einen Umfang von 96 cm. Eine Seite ist 3-mal so lang wie die andere. Berechne den Flächeninhalt des Rechtecks.

29. Herr Bauer zahlt für seine 80 m^2 große Wohnung 440 € Miete.

a) Im gleichen Haus wohnt Familie List und zahlt bei gleichem Mietpreis pro m^2 632,50 € Miete.
Berechne die Größe der Wohnung von Familie List.

b) Herr Bauer beabsichtigt, in die Großstadt zu ziehen. Bei einem Mietpreis von 9,35 € pro Quadratmeter möchte er aber auch nur 440 € ausgeben.
Berechne, wie groß die Wohnung höchstens sein darf.

30. Eine Lottotippgemeinschaft gewinnt 250 500 €. Herr Grau erhält nach seinem Einsatz das Doppelte von Herrn Berg. Frau Seidel erhält ein Drittel von Herrn Grau und Frau Specht bekommt 75 000 €.

a) Berechne, wie viel Euro jede Spielerin bzw. jeder Spieler erhält.

b) Herr Paul ist der große Pechvogel. Er ist 3 Wochen vor dem großen Gewinn aus der Tippgemeinschaft ausgestiegen. Bis dahin hat er das Doppelte von Herrn Grau eingezahlt.
Berechne die Gewinnverteilung für den Fall, dass Herr Paul noch dabei wäre.

31. Konstruiere die folgenden Vierecke.

a) Parallelogramm mit $a = 5{,}8$ cm, $b = 3{,}1$ cm, $\beta = 145°$

b) Trapez mit $a = 8$ cm, $b = 3{,}5$ cm, $\alpha = 54°$, $\beta = 75°$

32. Andreas trainiert für die Bundesjugendspiele. An einem Nachmittag läuft er 5-mal die 100-m-Strecke. Dabei erzielt er folgende Ergebnisse:

1. Lauf: 12,5 s
2. Lauf: 12,9 s
3. Lauf: 13,3 s
4. Lauf: 13,5 s
5. Lauf: 14,1 s

a) Berechne die durchschnittliche Laufzeit des Jungen.

b) Gib den Unterschied zwischen der besten und der schlechtesten Laufzeit an.

c) Berechne, welche Strecke Andreas bei seinem besten Lauf in einer Sekunde zurücklegt.

33. Trage die Punkte $A(-2|-1)$, $B(3|-1)$, $C(6|2)$, $D(3|4)$ und $E(-2|4)$ in ein Koordinatensystem ein.

a) Berechne den Flächeninhalt des Fünfecks ABCDE.

b) Spiegle den Punkt C an der y-Achse. Benenne den Bildpunkt mit C′ und gib seine Koordinaten an.

34. Marius verkleidet sich im Karneval als Zauberer. Seine Mutter bastelt ihm einen kegelförmigen Zauberhut mit einem Durchmesser von 17,2 cm und einer Höhe von 30 cm. Berechne das Volumen des Huts.

35. Schätze den Umfang eines Kesselwagens. Verwende zum Schätzen eine sinnvolle Vergleichsgröße.

36. Die beiden Seiten eines Rechtecks sind 7 cm und 15 cm lang.
Berechne die Länge der Diagonale.

37. Bestimme die Größe der Gesamtfläche. Berechne dazu zunächst die Teilflächen.

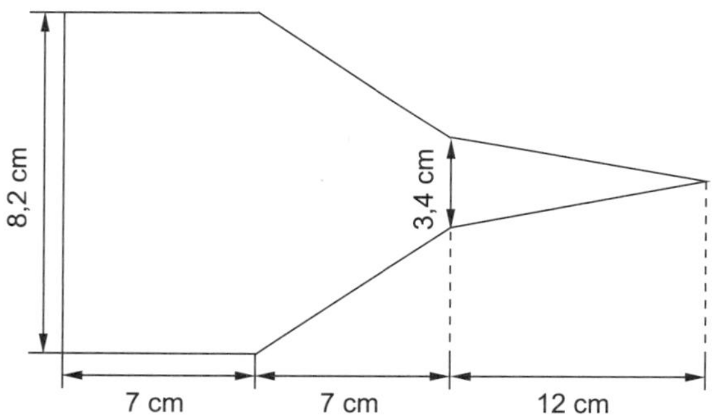

38. Aufgrund der Corona-Pandemie wurde die Mehrwertsteuer ab Juli 2020 für einige Zeit von 19 % auf 16 % gesenkt. Eine Elektronikkette bot am 30. Juni 2020 eine Soundbar für 275,99 € an. Am 1. Juli 2020 kostete sie beim gleichen Händler 269,03 €.

a) Überprüfe, ob die Elektronikkette die Mehrwertsteuersenkung komplett an die Kundinnen und Kunden weitergegeben hat.

b) Berechne die Höhe der Mehrwertsteuer vor und nach der Mehrwertsteuersenkung. (Tipp: Achte auf den erhöhten Grundwert!)

c) Berechne, wie viel Prozent des ursprünglichen Preises durch die Mehrwertsteuersenkung gespart wurde. Runde auf zwei Nachkommastellen.

1. Teil (ohne Taschenrechner)

Du darfst den Taschenrechner und die Formelsammlung nicht benutzen.
Rechne alle Aufgaben auf diesem Blatt. Punkte

1. Berechne.

Platz zum Rechnen:

a) $2{,}5\ \text{kg} + 1{,}3\ \text{kg} = \square\ \text{kg}$ 1

b) $1{,}80\ € + \square\ € = 5{,}00\ €$ 1

c) $(4\ \text{cm})^2 = \square\ \text{cm}^2$ 1

d) $2 \cdot 1{,}2\ \text{m} + 2 \cdot 2{,}5\ \text{m} = \square\ \text{m}$ 2

2,5
1,3
3,8

2. Auf dem Foto siehst du einen Kasten mit vollen Flaschen Mineralwasser. 2
Eine volle Flasche Mineralwasser wiegt 1,2 kg.
Der Kasten ohne Flaschen wiegt 1,6 kg.

Berechne das Gewicht des abgebildeten Kastens Mineralwasser.

Der Kasten mit vollen Flaschen Mineralwasser

wiegt $\square$ kg.

Platz zum Rechnen:

3. Herr Benz stellt seine Waschmaschine um 10:45 Uhr an. 2

Er wählt das Waschprogamm „Feinwäsche“. Berechne, um wie viel Uhr das Waschprogramm fertig ist.

Waschprogramm	Dauer
Kochwäsche	2 h 15 min
Buntwäsche	1 h 55 min
Feinwäsche	1 h 35 min
Handwäsche	45 min
Kurzwäsche	40 min

Das Waschprogramm ist um ☐ Uhr fertig.

Platz zum Rechnen:

4. Berechne den Flächeninhalt der beiden grauen Flächen. 3

Die beiden grauen Flächen haben zusammen einen Flächeninhalt von ☐ cm^2.

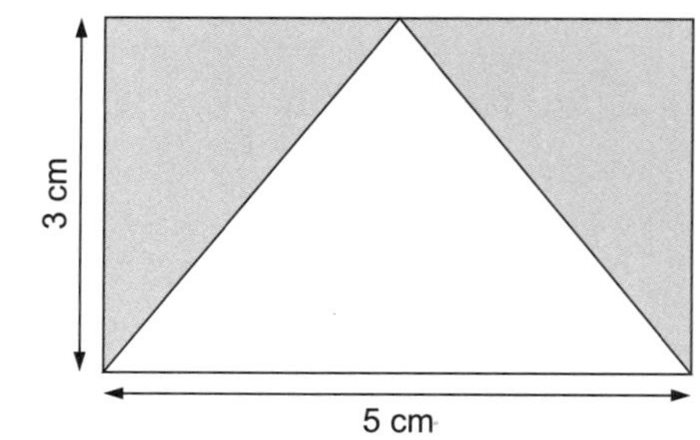

Platz zum Rechnen:

5. a) Gib an, wie viel Prozent der Kreisfläche grau gefärbt sind. 1

Es sind ☐ % grau gefärbt.

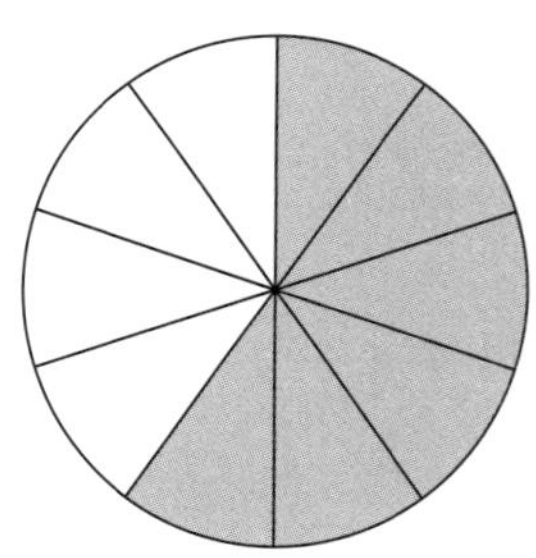

b) Färbe $\frac{5}{6}$ des folgenden Rechtecks ein. 2

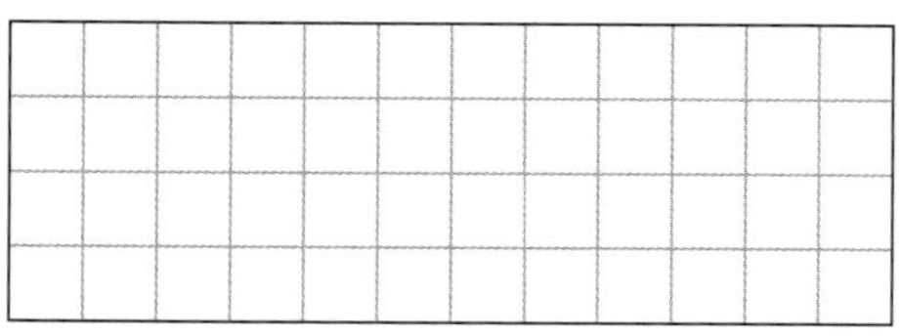

6. a) Zeichne einen Winkel $\alpha = 135°$. 2
Markiere ihn mit einem Kreisbogen.

b) Miss den Winkel β. 1

$\beta =$ ☐ °

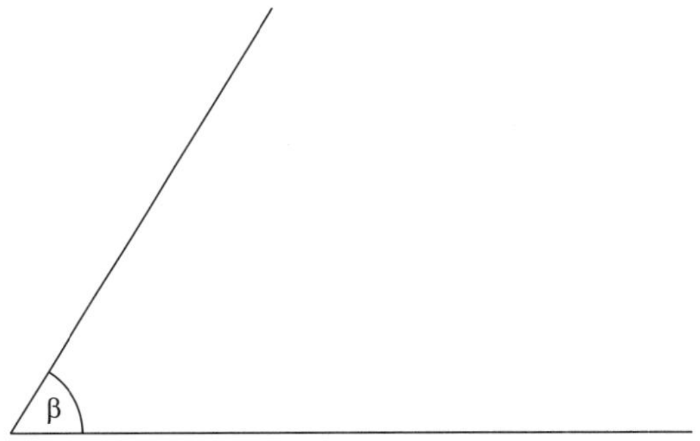

7. Im abgebildeten Koordinatensystem ist der Punkt A gegeben.

a) Notiere die Koordinaten des Punktes A. 1

A(☐ | ☐)

b) Spiegele den Punkt A an der Geraden g und zeichne den Punkt A' in das Koordinatensystem ein. 1

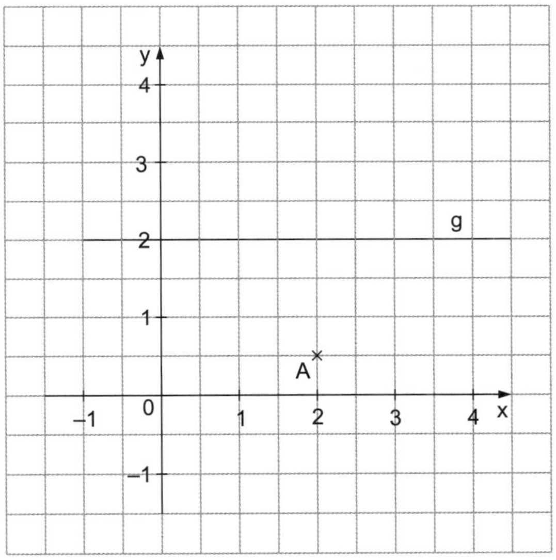

8. a) In der abgebildeten Kiste sind neun weiße und drei schwarze Kugeln. 1
Anna zieht ohne hinzusehen eine Kugel aus der Kiste.
Mit welcher Wahrscheinlichkeit zieht sie eine schwarze Kugel?

P(schwarze Kugel) = ☐

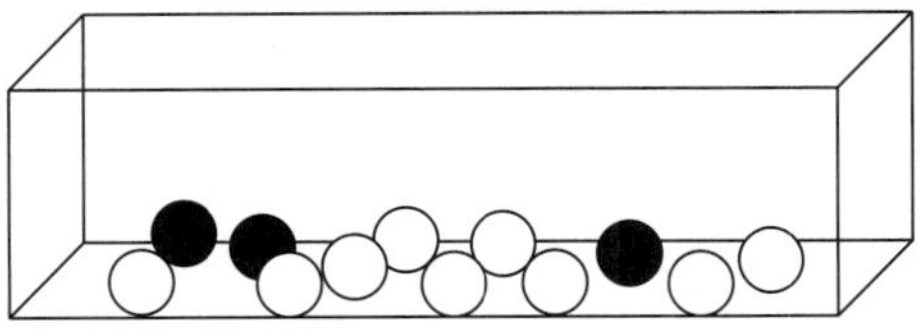

b) In der zweiten Kiste sind 15 weiße Kugeln. 2
Es sollen einige dieser Kugeln schwarz gefärbt werden.

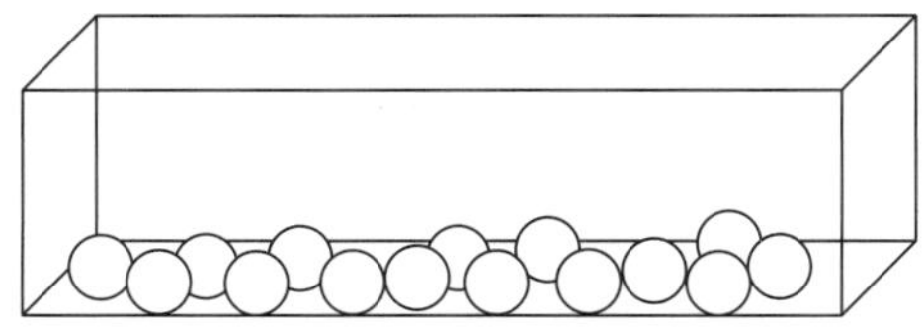

Die Wahrscheinlichkeit für das Ziehen eine schwarzen Kugel soll dann doppelt so groß sein wie für das Ziehen einer weißen Kugel.

Gib an, wie viele Kugeln schwarz gefärbt werden müssen.

Es müssen ☐ Kugeln schwarz gefärbt werden.

Platz zum Rechnen:

9. Zu welchem der Körper gehört das Netz? 1
Kreuze an.

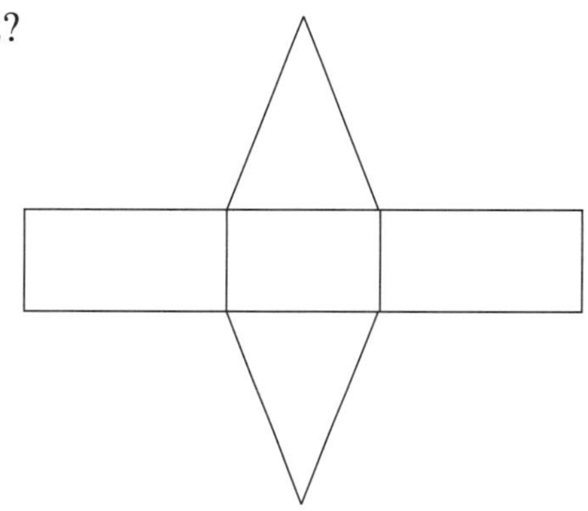

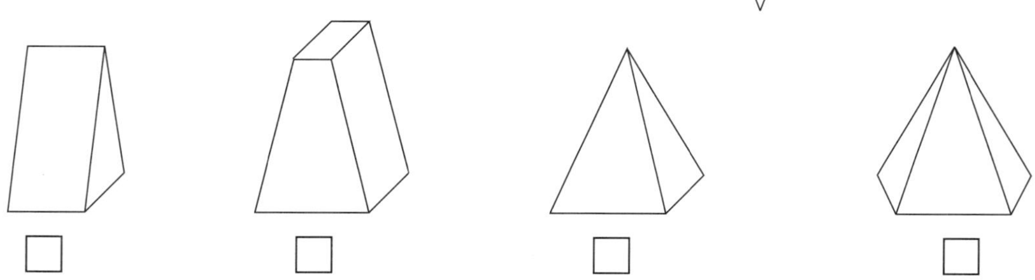

2. Teil (mit Taschenrechner)

Du darfst den Taschenrechner und die Formelsammlung benutzen.
Schreibe bei jeder Aufgabe den Lösungsweg auf dein Reinschriftpapier.
Vergiss die Maßeinheiten im Ergebnis nicht.

Punkte

10. Ein Drucker druckt 16 Seiten in einer Minute aus.

a) Gib an, wie viele Seiten der Drucker in 15 Minuten ausdruckt. 1

b) Berechne, wie lange der Drucker für das Ausdrucken von 24 Seiten benötigt. 2

11. Übertrage die Zeichnung mit den angegebenen Maßen auf dein Reinschriftpapier. 4

Bestimme die Entfernung der beiden Punkte A und B in deiner Zeichnung durch Abmessen.

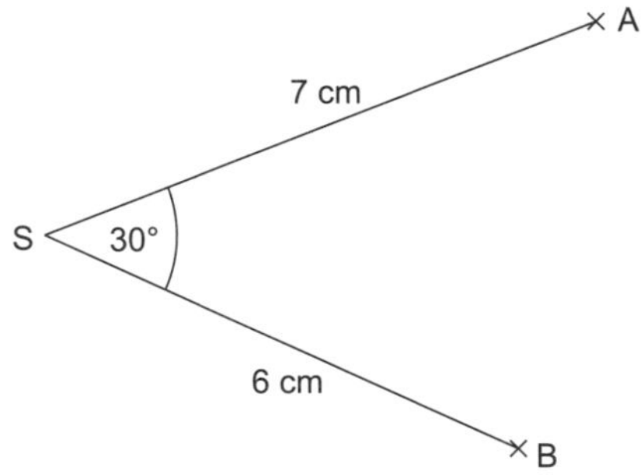

Zeichnung nicht maßgetreu

12. Pizza-Toni bietet Pizza in den Größen „Mini“ und „Maxi“ an.
Er wirbt mit folgendem Angebot (siehe Abbildung):

a) Eine Mini-Pizza „Vegetaria“ kostet 6,00 €. Berechne, wie viel die Maxi-Pizza kostet. 3

b) Die beiden Pizzaflächen haben folgende Größen: 4
Fläche der Mini-Pizza = 452 cm^2,
Fläche der Maxi-Pizza = 606 cm^2.

Überprüfe durch eine Rechnung, ob die Maxi-Pizza tatsächlich 40 % größer als die Mini-Pizza ist.
Notiere einen Antwortsatz.

13. Ali ist ein guter Sportler. Sein Trainer sagt: „Du hast ein gutes Lungenvolumen! Das sind bestimmt mehr als 5 Liter.“ Ali möchte dies mit einem Experiment überprüfen. Dabei holt er tief Luft und atmet diese dann in einen Luftballon aus. Ali ermittelt den Durchmesser des kugelförmigen Ballons mit d = 22 cm. 4

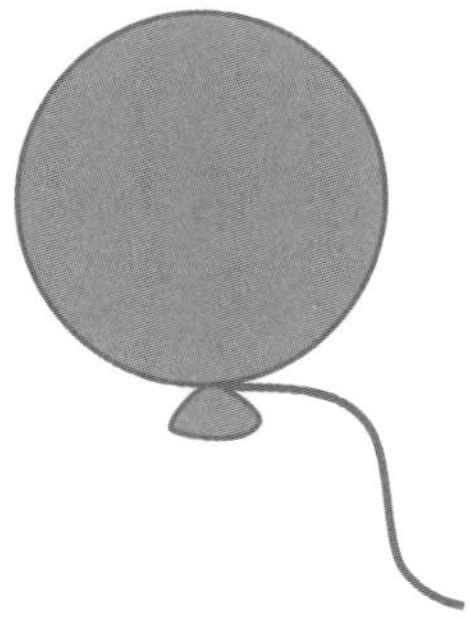

Hat Alis Trainer recht?
Begründe deine Antwort durch eine Rechnung.
Formuliere einen Antwortsatz.

14. a) Löse die Gleichung. 3

$15x + 10 = 8x - 11$

b) Das abgebildete Dreieck hat einen Umfang von 42 cm. Berechne die Länge x. 2

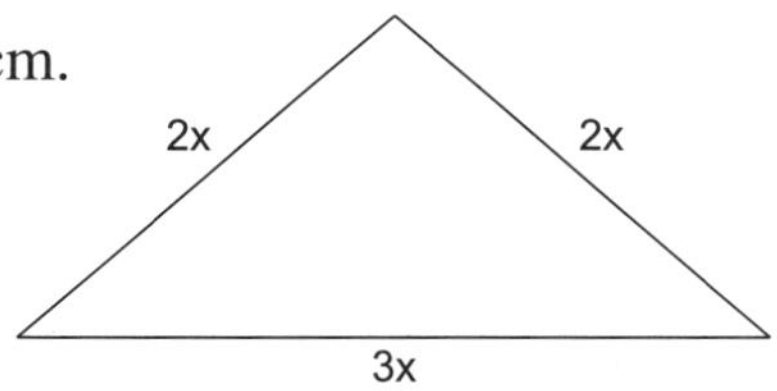

Zeichnung nicht maßgetreu

15. Gegeben ist ein Quader mit den Kantenlängen a = 4,5 cm, b = 3 cm und c = 1,5 cm.

a) Berechne die Größe der Oberfläche des Quaders. 3

b) Übertrage das begonnene Quadernetz auf dein Reinschriftpapier und vervollständige es zu einem korrekten Netz dieses Quaders. 3

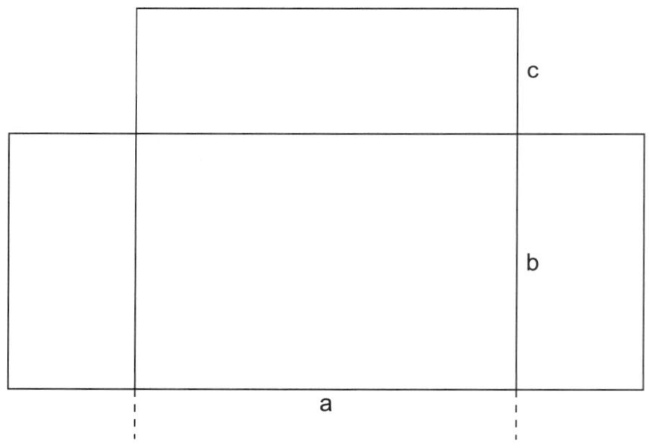

16. Vor dem Hauptbahnhof in Kassel befindet sich das Kunstwerk „Himmelsstürmer“.
Leon möchte wissen, wie hoch dieses Kunstwerk ist.
Im Internet liest er, dass das Stahlrohr **s** eine Länge von 25 Metern hat.

Leon geht die Strecke **t** ab.
Er bleibt genau unter der Spitze des Stahlrohrs stehen.
Er braucht 14 Schritte.
Seine Schrittlänge beträgt 0,8 m.

a) Berechne die Strecke **t**. 1

b) Berechne die Höhe **h**. 3
Runde dein Ergebnis auf ganze Meter. (Nutze dazu dein Ergebnis aus Teilaufgabe a.)

17. Am Rhein steht ein Kunstwerk. Es besteht aus gleich großen Kisten aus massivem Beton. In der Abbildung steht eine Saftflasche auf einer dieser Kisten. 7

Berechne, wie viel Kilogramm eine solche Kiste ungefähr wiegt.
Runde auf ganze Kilogramm.
1 cm^3 Beton wiegt 2,2 g.

Schätze dazu die benötigten Größen.
Berechne mit den geschätzten Maßen zunächst das Volumen einer Kiste.

Hier hast du die **Wahl**. Bearbeite **zwei** der vier Wahlaufgaben.

W1. Die folgende Abbildung zeigt die Position eines Sendemastes für Mobilfunknetze. Er befindet sich im Ursprung (0|0) des Koordinatensystems. Der Sendemast kann im Umkreis von 15 km senden. Vier Dörfer liegen in der Nähe des Sendemastes.

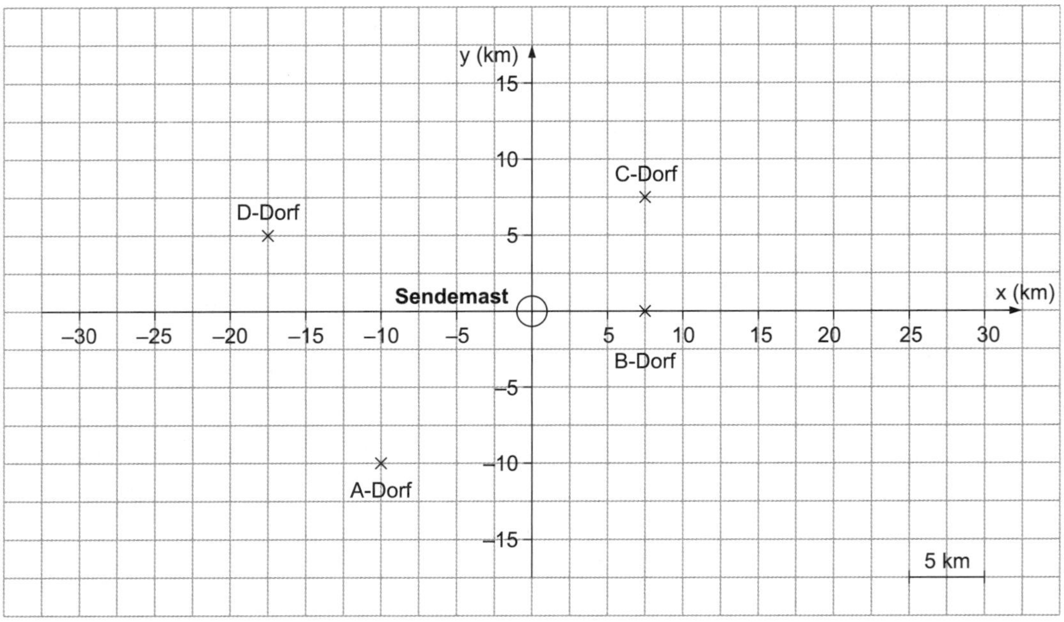

a) Gib die Koordinaten von B-Dorf an. 2

b) Ein Dorf liegt nicht im Sendebereich des Sendemastes. 2
Nenne das Dorf und notiere, wie du zu deiner Lösung gekommen bist.

c) Berechne die Flächengröße des Sendebereiches in Quadratkilometer. 2
Runde auf ganze Quadratkilometer.

d) Der alte Sendemast wird abgerissen. Ein neuer Sendemast mit einem gleich großen Sendebereich soll so gesetzt werden, dass alle vier Dörfer im Sendebereich sind. 2
Gib die Koordinaten eines möglichen Punktes S für die Position des neuen Sendemastes an.

oder

W2. In jedem der Jahre 2006, 2009 und 2012 hat eine Markforschungsgruppe jeweils 1 200 Jungen und 1 200 Mädchen gefragt, ob sie das Internet nutzen.
In dem abgebildeten Diagramm siehst du, wie viel Prozent der Jungen und Mädchen das Internet nutzten.

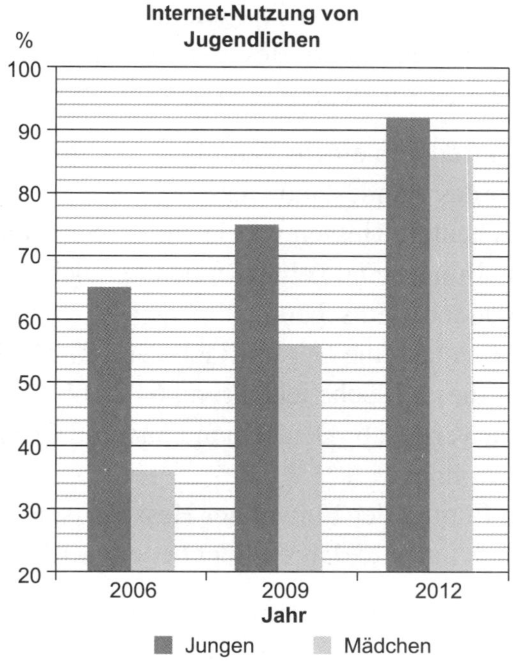

a) Wie viel Prozent der Mädchen nutzten im Jahr 2009 das Internet? 1

b) In welchem Jahr war der Unterschied zwischen Jungen und Mädchen bei der Internet-Nutzung am größten? 1

c) Im Jahr 2006 nutzten 65 % der befragten Jungen das Internet. 4
Von diesen Jungen gaben 15 % an, dass sie sogar täglich im Internet waren.
Berechne, wie viele Jungen täglich im Internet waren.

d) Paul sagt: „Im Jahr 2006 nutzten mehr als doppelt so viele Jungen wie Mädchen das Internet.“ 2
Hat Paul recht? Begründe deine Antwort.

oder

W3. a) Die Seiten eines 6-seitigen Würfels sind mit den Zahlen 1, 2, und 3 beschriftet (siehe Abbildung).

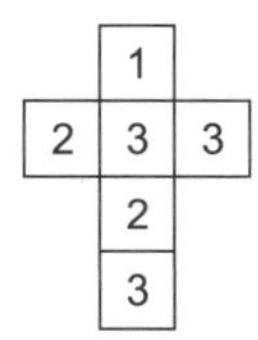

1. Gib die Wahrscheinlichkeit für das Würfeln der Zahl 2 an. 1
2. Mit dem Würfel wird zweimal gewürfelt. 2
Gib die Wahrscheinlichkeit dafür an, dass zuerst die Zahl 3 und dann die Zahl 2 gewürfelt wird.

b) Die Seiten eines anderen 6-seitigen Würfels sind rot (r) oder grün (g) gefärbt.

Hier ist das Baumdiagramm für zweimaliges Würfeln mit diesem Würfel abgebildet.

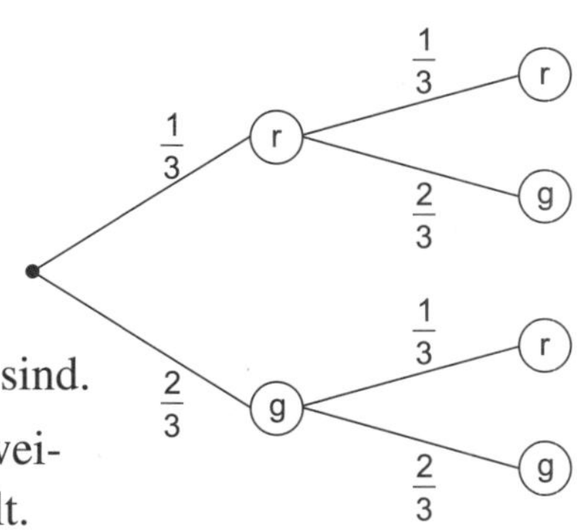

1. Gib an, wie viele Seiten des Würfels rot gefärbt sind. 2
2. Gib die Wahrscheinlichkeit dafür an, dass bei zweimaligem Würfeln zweimal die gleiche Farbe fällt. 3

oder

W4. Lies den folgenden Text und die vier Aufgaben (a, b, c, d) aufmerksam durch. Bevor du rechnest, darfst du wichtige Angaben zur Bearbeitung der jeweiligen Aufgabe markieren.

Lisa findet in einem Zeitungsartikel folgende Informationen über das Bundesland Hessen:
Das heutige Hessen wurde am 19. September 1945 gegründet.
Das Bundesland gehört zu den am dichtesten besiedelten Regionen Deutschands.
Hessen hat eine Gesamtfläche von 21 115 km^2.
Auf dieser Fläche leben rund 6 020 000 Einwohner.
Zum Vergleich: Deutschland hat eine Gesamtfläche von 357 121 km^2 und 80,5 Mio. Einwohner.
Ein Fünftel der Einwohner Hessens ist 65 Jahre alt oder älter. Der Anteil der Jugendlichen unter 15 Jahren liegt bei etwa 13,5 %.

a) Seit wie vielen Jahren besteht das Land Hessen am 19. 09. 2015? 1

b) Berechne, wie viel Prozent aller Einwohner Deutschlands in Hessen leben. Runde auf zehntel Prozent. 3

c) Berechne, wie viele Menschen in Hessen durchschnittlich auf einem Quadratkilometer leben. 2

d) Lisa behauptet: „In Hessen gibt es mehr Menschen, die 65 Jahre oder älter sind, als Jugendliche unter 15 Jahren." Hat Lisa recht? Begründe deine Antwort. 2

Abschlussprüfung an Hauptschulen in Hessen 2016
Mathematik

1. Teil (ohne Taschenrechner)

Du darfst den Taschenrechner und die Formelsammlung nicht benutzen.
Rechne alle Aufgaben auf diesem Blatt.

Punkte

1. Berechne.

Platz zum Rechnen:

a) $0{,}85 \cdot 100 =$ ☐ 1

b) $2{,}4 - 0{,}35 =$ ☐ 1

c) $2 \cdot 15 + 42 : 6 =$ ☐ 2

d) $8\ \text{kg} + 700\ \text{g} =$ ☐ g 2

2. Gib die Zahl an, die durch den Pfeil markiert ist. 1

10 15

☐

3. Auf einem Teller befinden sich 20 Süßigkeiten (siehe Abbildung).

a) Gib den Anteil der Gummibären als Bruch an. 1

Anteil der Gummibären = $\frac{\square}{\square}$

b) Gib den Anteil der Himbeerbonbons in Prozent an. 2

Es sind ☐ % Himbeerbonbons.

Platz zum Rechnen:

4. Nancy soll Briefmarken kaufen. Sie kauft zehn 70-Cent-Briefmarken und zwei Briefmarken für je 1,45 €. 3

Berechne, wie viel Euro Nancy dafür bezahlen muss.

Nancy bezahlt ☐ €.

Platz zum Rechnen:

5. In einer Schulbücherei gibt es eine Regalwand, die aus 4 Regalen besteht (siehe Abbildung 1). 4

In jedem dieser 4 Regale sind auf 5 Regalböden Bücher aufgestellt.

Abbildung 2 zeigt 2 Regalböden mit Büchern.

Martin behauptet: „In allen 4 Regalen zusammen gibt es mindestens 1 000 Bücher.“

Hat Martin recht?
Schätze die Anzahl der Bücher.
Notiere deinen Rechenweg und schreibe einen Antwortsatz.

Abbildung 1

Abbildung 2

Platz zum Rechnen und Schreiben:

6. a) Berechne den Flächeninhalt des grauen Rechtecks. 1

Die Fläche des Rechtecks ist ☐ cm^2 groß.

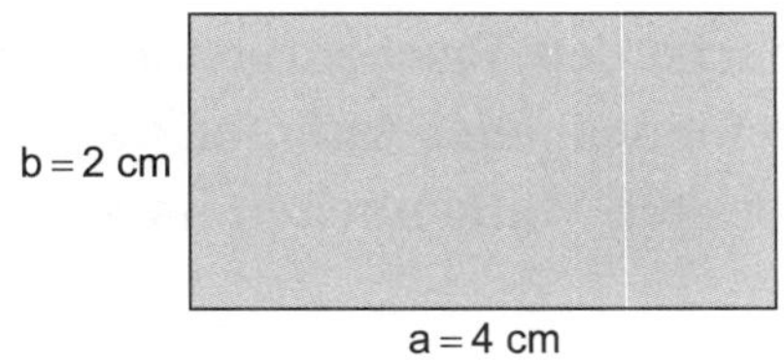

b) Berechne den Umfang des grauen Rechtecks. 2

Das Rechteck hat einen Umfang von ☐ cm.

Platz zum Rechnen:

7. a) Gib die Koordinaten des Punktes A an. 1

A(☐ | ☐)

b) Zeichne zwei Punkte C und D so ein, dass ein Quadrat ABCD entsteht. 2

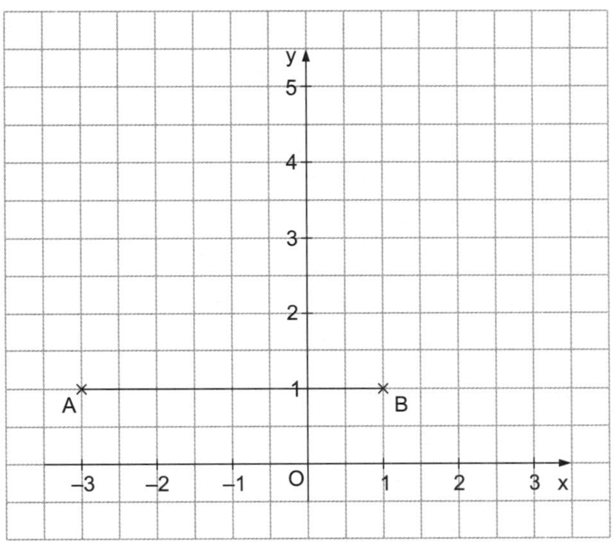

8. Eine der folgenden Abbildungen zeigt das Netz einer Pyramide. Kreuze an. 1

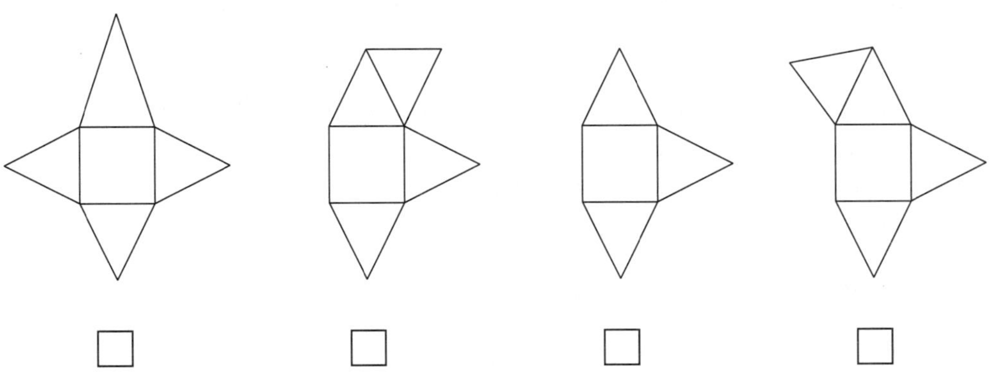

2. Teil (mit Taschenrechner)

Du darfst den Taschenrechner und die Formelsammlung benutzen.
Schreibe bei jeder Aufgabe den Lösungsweg auf dein Reinschriftpapier.
Vergiss die Maßeinheiten im Ergebnis nicht.

Punkte

9. Auf dem Flyer sind die Pizza-Preise und die Lieferkosten der Pizzeria „Pronto Alberto" aufgelistet. Familie Becker bestellt zwei Pizzas Rustico, eine Pizza Hawaii und eine Pizza Margherita für zu Hause. 3

Berechne, wie viel Euro Familie Becker insgesamt für ihre Pizzas und die Lieferung bezahlen muss.

Angebote „Pronto Alberto"			Lieferung
(1)	Pizza Margherita	6,50 €	Für Bestellungen
(2)	Pizza Hawaii	7,40 €	• bis 20 € zahlen Sie 5 € Liefergebühr.
(3)	Pizza Salami	7,50 €	• über 20 € zahlen Sie nur 3 € Liefergebühr.
(4)	Pizza Mortadella	6,80 €	
(5)	Pizza Rustico	7,80 €	
(6)	Pizza Tonno	8,50 €	
(7)	Pizza Calzone	8,80 €	

10. a) Zeichne das abgebildete Drachenviereck ABCD mit den angegebenen Maßen. Beschrifte die Eckpunkte. 4

b) Berechne den Flächeninhalt des Drachenvierecks ABCD. 4

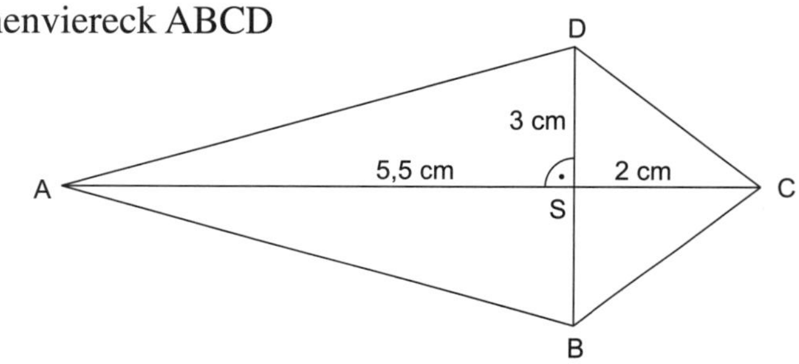

Zeichnung nicht maßstabsgerecht

11. a) Löse die Gleichung. 4

$9x + 16 = 12 + 6x + 13$

b) Berechne den Wert des Terms $\frac{x \cdot y}{2}$ für $x = 6$ und $y = 12$. 2

12. Die Eschenbach-Schule hat für Sonderausgaben einen Betrag von 6 000 € zur Verfügung. Für 45 % des Betrages bekommt das Schülerbistro neue Möbel. 30 % des Betrages werden für den Schulgarten ausgegeben. Vom Rest des Geldes werden Spielgeräte für den Schulhof gekauft.

a) Wie viel Prozent des Geldes werden für Spielgeräte ausgegeben? 1

b) Berechne, wie viel Geld für neue Möbel ausgegeben wird. 2

c) Welches Kreisdiagramm passt zu der Verteilung der Ausgaben? 2
Notiere den Buchstaben des passenden Kreisdiagramms auf dein Reinschrift-papier.

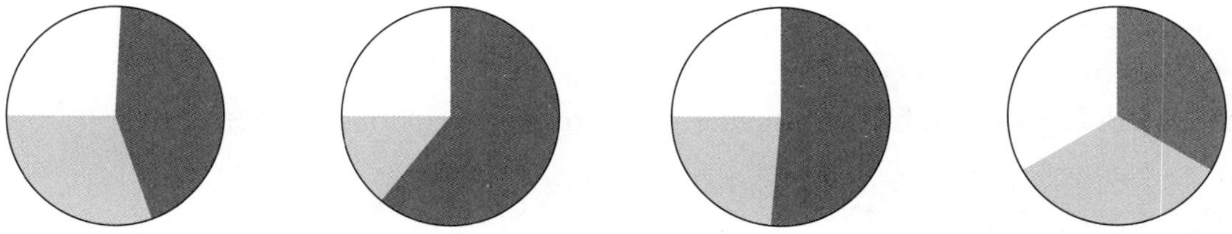

13. Der abgebildete Zylinder hat einen Durchmesser von 112 cm.

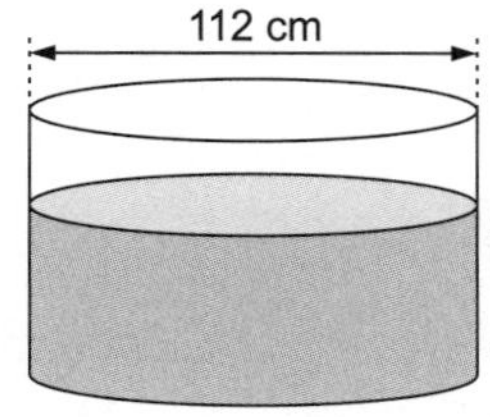

Zeichnung nicht maßstabsgerecht

a) Im Zylinder steht das Wasser 50 cm hoch. Berechne, wie viel Liter Wasser in diesem Zylinder sind. Runde auf ganze Liter. 4

b) Elke behauptet: „Wenn der Durchmesser des Zylinders doppelt so groß wäre, würde der Zylinder bei gleicher Wasserhöhe auch die doppelte Wassermenge beinhalten.“ 2
Hat Elke recht? Begründe deine Antwort.

14. Ist das abgebildete Dreieck rechtwinklig? 4

Überprüfe durch eine Rechnung und formuliere einen Antwortsatz.

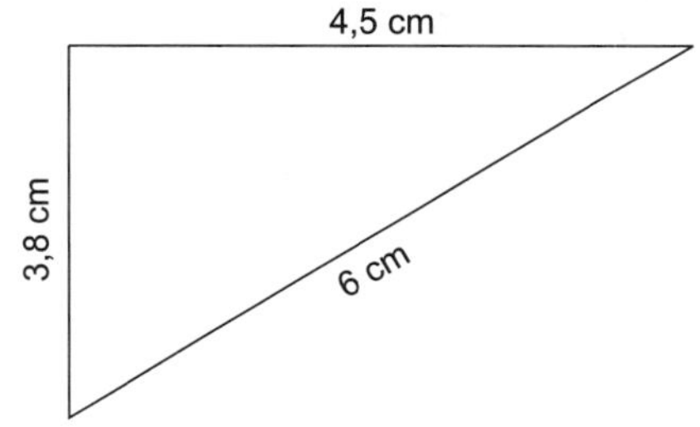

Zeichnung nicht maßstabsgerecht

15. Das abgebildete Glücksrad hat 10 gleich große Felder.

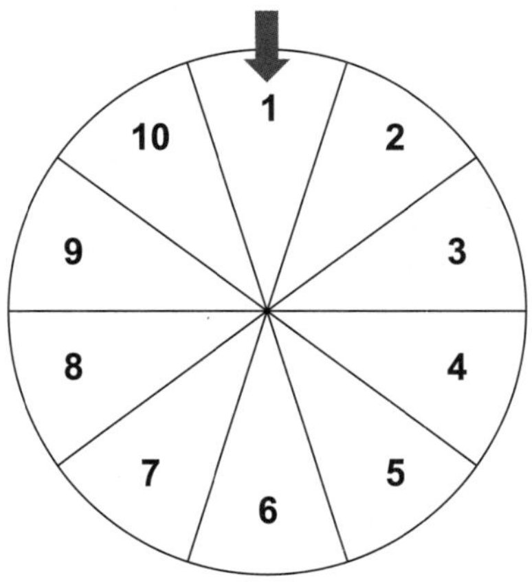

a) Olaf dreht einmal.

1. Gib die Wahrscheinlichkeit dafür an, dass das Glücksrad auf der Zahl 5 stehen bleibt. 1
2. Gib die Wahrscheinlichkeit dafür an, dass das Glücksrad eine Zahl anzeigt, die kleiner als 7 ist. 1

b) Nazanin dreht zweimal. 2

Gib die Wahrscheinlichkeit dafür an, dass das Glücksrad zweimal hintereinander die Zahl 3 zeigt.

16. Eine Hauswand wird neu gestrichen. Zum Schutz der Fußgängerinnen und Fußgänger hängt vor der Fassade ein Netz. 4

Bestimme, wie groß die Fläche des abgebildeten Netzes ungefähr ist.
Schätze dazu die benötigten Größen.
Notiere deinen Lösungsweg.
Runde dein Ergebnis auf Quadratmeter und formuliere einen Antwortsatz.

Hier hast du die **Wahl**. Bearbeite **zwei** der vier Wahlaufgaben.

W1. Die graue Figur setzt sich aus dem Dreieck ABC und einem Halbkreis zusammen.

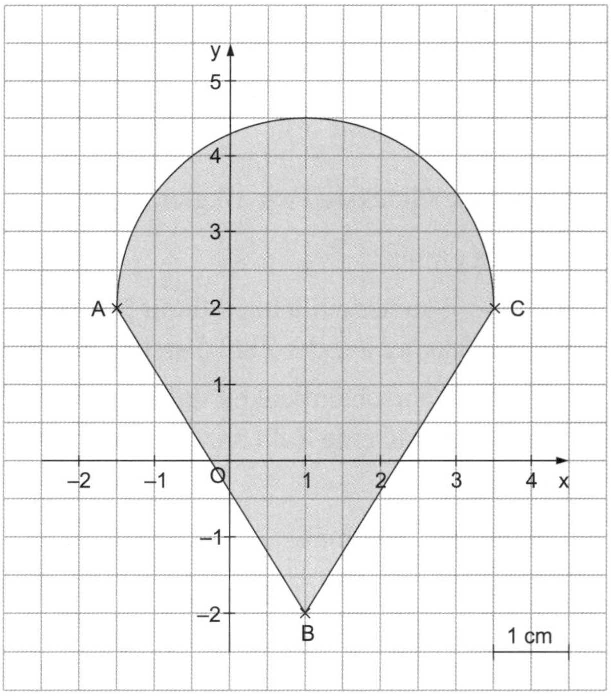

a) Gib die Koordinaten des Punktes A an. 1

b) Welcher der folgenden Punkte liegt auf der Symmetrieachse der grauen Figur? Notiere den Buchstaben auf dein Reinschriftpapier. 1

P(1 | 0,5)

Q(2 | 2)

R(0 | –0,4)

S(2,25 | 0)

c) Wie lang ist der Radius r des Halbkreises? 1

d) Berechne den Flächeninhalt des Dreiecks ABC. 3

e) Die gesamte graue Figur wird verschoben. Der Punkt B wird dabei auf den Punkt B' mit den Koordinaten (3|–1) verschoben. Gib die Koordinaten von C' an. 2

oder

W2. Das nebenstehende Bild zeigt ein Vogelhaus. Die gesamte Dachfläche besteht aus vier gleichen Dreiecksflächen und soll erneuert werden.

Um die Dachfläche genau zu bestimmen, werden die Maße einer Dreiecksfläche gemessen und eine Planfigur der Dreiecksfläche angefertigt.

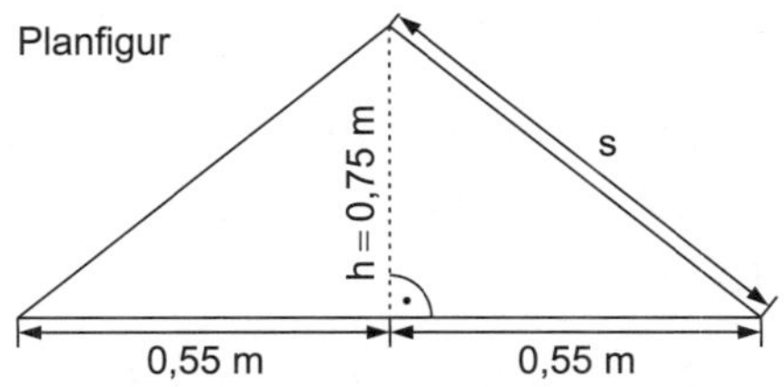

Zeichnung nicht maßstabsgerecht

a) Berechne die Größe der gesamten Dachfläche. 4

b) Die Dachflächen werden mit vier gleich langen Abdeckleisten (s) abgedichtet.

1. Berechne die Länge einer Abdeckleiste s (siehe Planfigur). Runde dein Ergebnis auf Zentimeter. 2
2. Die Abdeckleisten kosten pro Meter 4,50 €. Berechne die Kosten für die Abdeckleisten. Benutze hierzu dein Ergebnis aus Teilaufgabe 1. 2

oder

W3. a) Stella ist mit ihrer Ausbildung fertig und richtet ihre erste Wohnung ein. 4

Für die neue Wohnungseinrichtung muss sie einen Kredit über 8 000 € für ein Jahr aufnehmen.
Sie erhält zwei verschiedene Angebote:

Angebot A	8 000 € für monatlich 70 € Zinsen
Angebot B	8 000 € zu einem Zinssatz von 11,2 % für ein Jahr

Berechne, bei welchem Angebot Stella weniger Zinsen bezahlen muss.
Formuliere dazu einen Antwortsatz.

b) Ingos Eltern legen ein Konto für ihren Sohn an. Sie zahlen einen Betrag von 2 500 € zu Beginn des Jahres ein. Das Geld wird mit einem jährlichen Zinssatz von 2 % angelegt. Die Zinsen werden mitverzinst (Zinseszins). 4

Berechne, wie viel Zinsen Ingo nach zwei Jahren insgesamt erhält, wenn er während dieser Zeit kein Geld abhebt.

oder

W4. Lies den folgenden Text und die vier Aufgaben (a, b, c, d) aufmerksam durch. Bevor du rechnest, kannst du wichtige Angaben zur Bearbeitung der jeweiligen Aufgabe markieren.

Eines der meistbesuchten Bauwerke Berlins ist der Berliner Fernsehturm, der jährlich ungefähr 1,2 Millionen Besucherinnen und Besucher anlockt.
Nach 4 Jahren Bauzeit wurde er 1969 eingeweiht.

Der Berliner Fernsehturm ist 368 m hoch und damit das höchste Bauwerk Deutschlands. Zum Vergleich: Der Kölner Dom hat eine Höhe von 157 m.

Die nachfolgende Skizze zeigt den Aufbau des Berliner Fernsehturms:

Der Turmschaft hat eine Höhe von 198 m.
Im Turmschaft befinden sich ein Treppenhaus mit 986 Stufen und drei Aufzüge.
Der Touristenführer erklärt, dass der Aufzug mit einer Geschwindigkeit von 6 Metern in einer Sekunde fährt.
An den Turmschaft schließt sich die Turmkugel an.
Die Turmkugel hat einen Radius von 15 m.

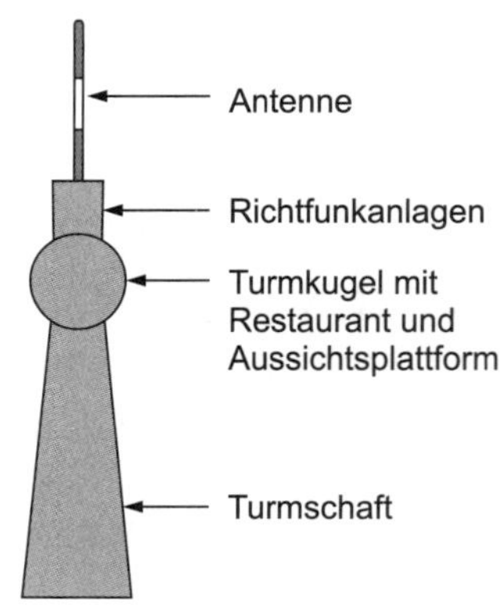

a) Berechne, um wie viele Meter der Berliner Fernsehturm höher ist als der Kölner Dom. 1

b) Berechne die Höhe einer Treppenstufe im Turmschaft. 2
Runde auf ganze Zentimeter.

c) Berechne, wie viel Zeit der Aufzug für die Fahrt im Turmschaft benötigt. 2

d) Berechne, wie viele Kilometer der Aufzug in einer Stunde zurücklegen würde. 3

1. Teil (ohne Taschenrechner)

Du darfst den Taschenrechner und die Formelsammlung nicht benutzen.
Rechne alle Aufgaben auf diesem Blatt.

Punkte

1. Berechne.

Platz zum Rechnen:

a) 1 h 7 min = ☐ min 1

b) 250 $m\ell$ = ☐ ℓ 1

c) 3 km − 850 m = ☐ km 2

d) 1,59 € + ☐ € = 2,00 € 1

e) 1,2 t + 400 kg = ☐ t 2

2. Samira liest morgens und nachmittags die Temperatur des Thermometers im Garten ab (siehe Abbildung). 2

Gib an, um wie viel Grad die Temperatur von 6:45 Uhr bis 14:25 Uhr gestiegen ist.

Die Temperatur ist um ☐ Grad gestiegen.

Platz zum Rechnen:

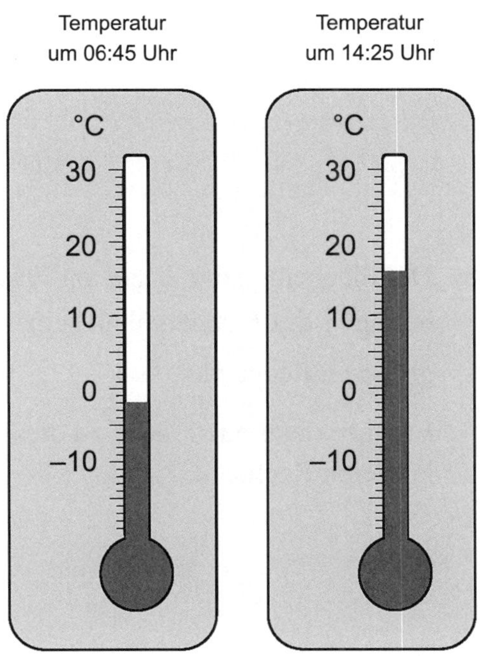

3. Ein Kilogramm Äpfel kostet auf dem Wochenmarkt 3,00 €. Oma Christel kauft drei Äpfel. Sie wiegen zusammen 600 g. 3

© Misches Jung / www.sxc.hu

Berechne, wie viel Oma Christel für die drei Äpfel bezahlen muss.

Oma Christel muss ☐ € bezahlen.

Platz zum Rechnen:

4. a) Wie viel Prozent der Fläche des Rechtecks sind grau gefärbt? 2

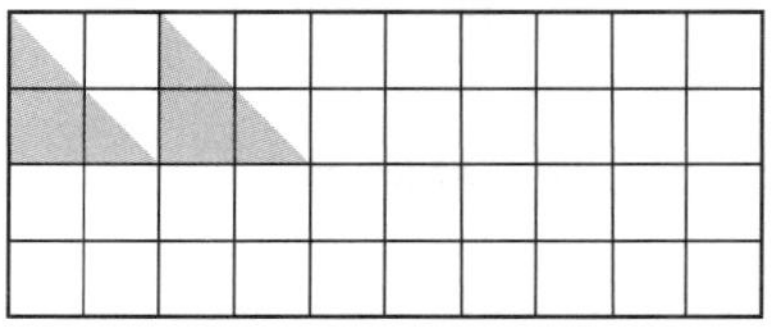

Es sind ☐ % der Fläche grau gefärbt.

Platz zum Rechnen:

b) Der Flächeninhalt der grauen Fläche beträgt $\frac{1}{5}$ des Flächeninhalts eines größeren Rechtecks. 1

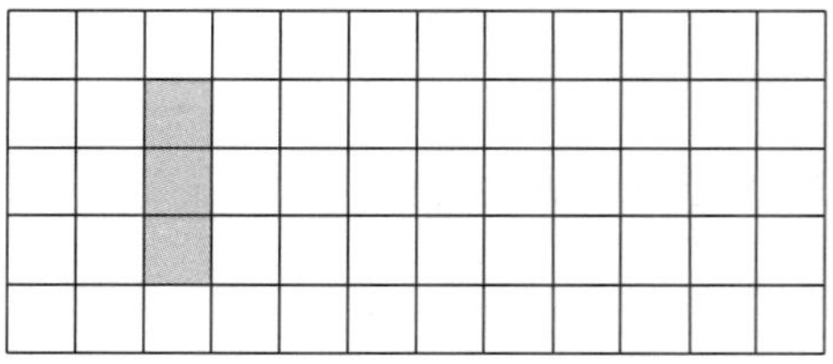

Ergänze die graue Fläche zu diesem größeren Rechteck.

5. Ein Notebook kostet 1 499 €. 1
Der Händler gewährt auf diesen Preis einen Rabatt von 20 %.
Überschlage den neuen Preis für das Notebook.

Kreuze an.

☐ 1 800 € ☐ 1 500 € ☐ 1 479 € ☐ 1 200 € ☐ 300 €

Platz zum Rechnen:

6. Ein 20-seitiger fairer Spielwürfel ist mit den Zahlen 1 bis 20 beschriftet (siehe Abbildung).
Es wird einmal gewürfelt.

a) Gib an, wie groß die Wahrscheinlichkeit ist, eine 10 zu würfeln. 1

Die Wahrscheinlichkeit, eine 10 zu würfeln, beträgt ☐.

b) Gib an, wie groß die Wahrscheinlichkeit ist, eine Zahl zu würfeln, die durch 3 teilbar ist. 1

Die Wahrscheinlichkeit, eine Zahl zu würfeln, die durch 3 teilbar ist, beträgt ☐.

Platz für Notizen:

7. Bestimme den Flächeninhalt der abgebildeten grauen Fläche. 3

Der Flächeninhalt der grauen

Fläche beträgt ☐ cm^2.

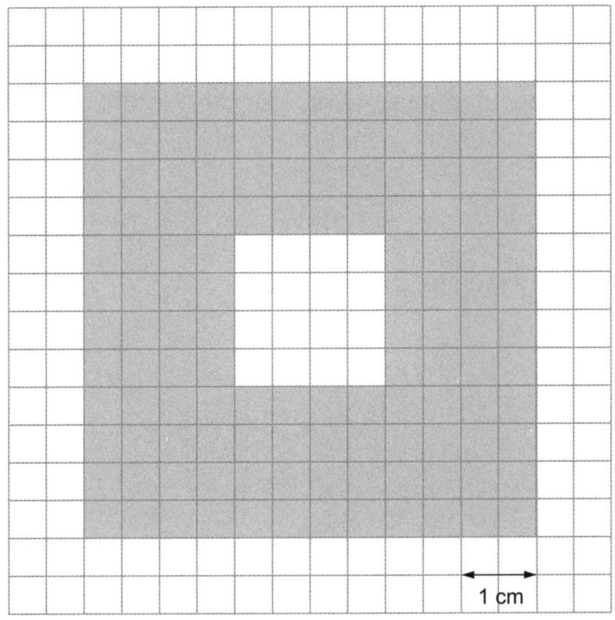

Platz zum Rechnen:

8. a) Gib den Abstand des Punktes P zur Geraden g an. 1

Der Abstand des Punktes P zur

Geraden g beträgt ☐ cm.

b) Zeichne die Parallele zur Geraden g durch den Punkt P. 1

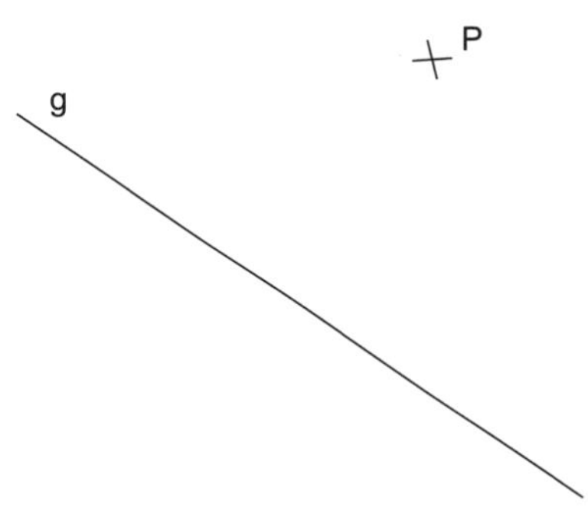

9. Nur eines der folgenden Netze gehört zu dem abgebildeten Würfel. Kreuze dieses Netz an. 1

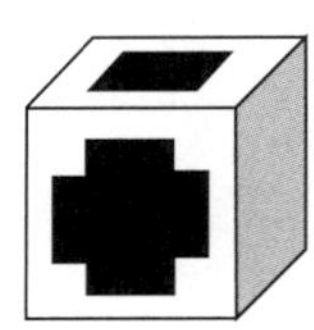

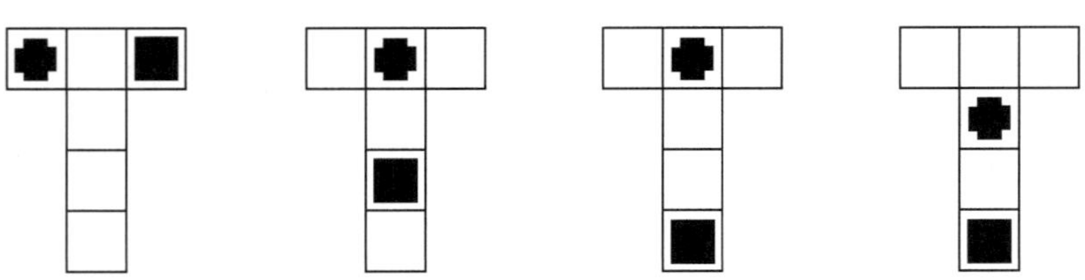

☐ ☐ ☐ ☐

2. Teil (mit Taschenrechner)

Du darfst den Taschenrechner und die Formelsammlung benutzen.
Schreibe bei jeder Aufgabe den Lösungsweg auf dein Reinschriftpapier.
Vergiss die Maßeinheiten im Ergebnis nicht.

Punkte

10. Familie Mages unternimmt eine Fahrradtour am Rhein entlang.
Die gesamte Strecke der Tour ist 273 km lang.
Frau Mages plant für die Fahrradtour 5 Tage.

a) Berechne, wie viel Kilometer dann durchschnittlich an einem Tag zurückgelegt werden müssen. 1

b) Da die Familie in den ersten Tagen schneller vorangekommen ist, muss sie am letzten Tag nur noch 42 km fahren. 2
Frau Mages geht davon aus, dass die Familie 12 Kilometer pro Stunde fährt.
Berechne die Zeit, die Familie Mages am letzten Tag für die Strecke noch benötigt.

11. Zeichne das abgebildete Trapez ABCD mit den angegebenen Maßen (siehe Abbildung). 5

Beschrifte die Eckpunkte.

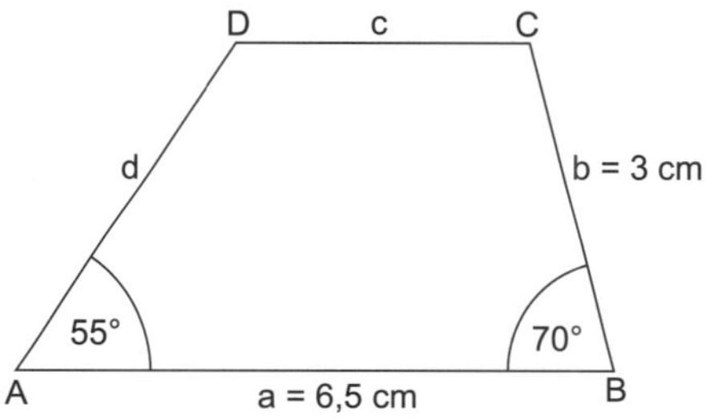

Zeichnung nicht maßstabsgerecht

12. David möchte sich ein Longboard und einen Schutzhelm kaufen. Er findet einen Fachhändler, der alle Artikel in einer Rabattaktion 15 % günstiger anbietet.

a) Der ursprüngliche Preis eines Longboards beträgt 120 €. 3
Berechne den neuen reduzierten Preis.

b) Für den Schutzhelm bezahlt David anstatt 70 € nur 60,20 €. 4
Überprüfe, ob der Preis des Schutzhelms tatsächlich um 15 % reduziert wurde. Notiere einen Antwortsatz.

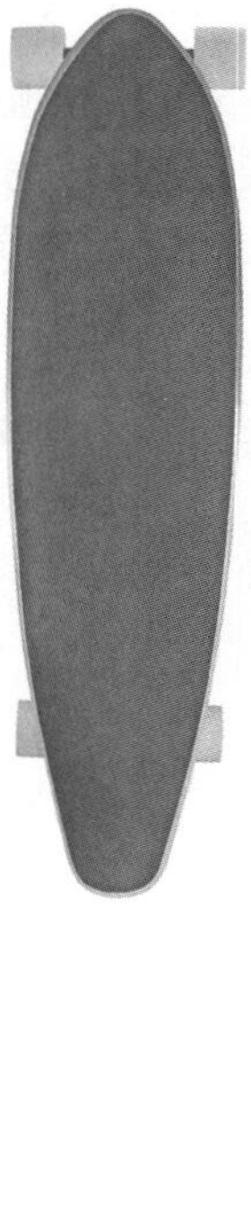

13. Berechne das Volumen des abgebildeten Gewächshauses mit den angegebenen Maßen. 6

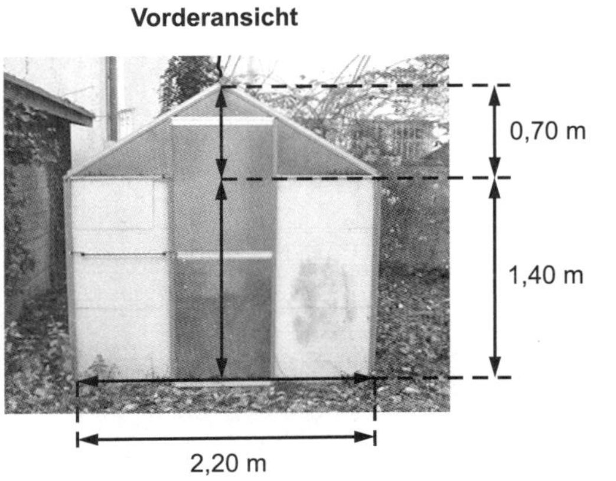

14. a) Löse die Gleichung. 3

$8x + 12 = 6x + 20$

b) Fasse den folgenden Term so weit wie möglich zusammen. 2

$10y + 15 + 5y - 3 - 2y + 8$

15. Das abgebildete Kreisdiagramm zeigt eine Statistik über bevorzugte Zahlungsarten im Jahr 2016. Dazu wurde eine große Anzahl an Einkäufen ausgewertet.

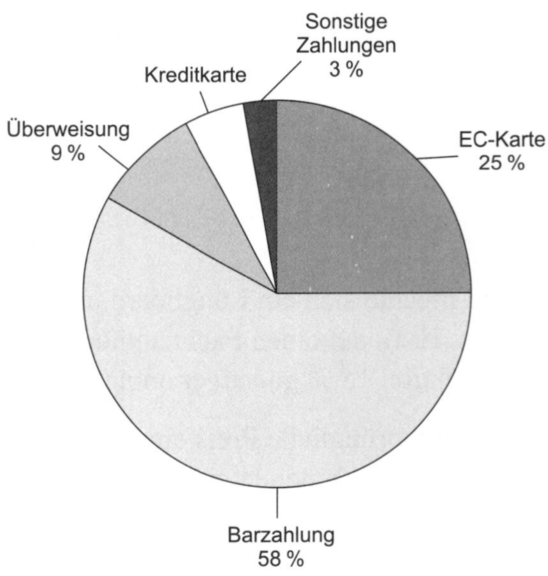

a) Berechne mithilfe des Diagramms, wie viel Prozent der Einkäufe mit Kreditkarte bezahlt wurden. 1

b) 1 800-mal wurde durch Überweisung bezahlt. 3
Berechne, wie viele Einkäufe insgesamt ausgewertet wurden.

c) Kim behauptet: „Der Winkel für den Kreisanteil ‚Barzahlung' ist viel zu groß. Das müssen 58° sein.“ 1

Hat Kim recht?
Begründe deine Antwort.

16. Mario wirft bei den Bundesjugendspielen den Ball nicht optimal entlang der Messlinie, sondern schräg nach rechts. So landet der Ball 20 Meter neben der 60-m-Marke (siehe Abbildung).
Seine Sportlehrerin notiert die 60 Meter.
Sie sagt dabei: „Schade, Mario, jetzt hast du einige Meter verschenkt, weil du schräg geworfen hast.“ 5

Berechne, wie viel Meter Mario „verschenkt“ hat.
Runde auf ganze Meter.
Notiere einen Antwortsatz.

Zeichnung nicht maßstabsgerecht

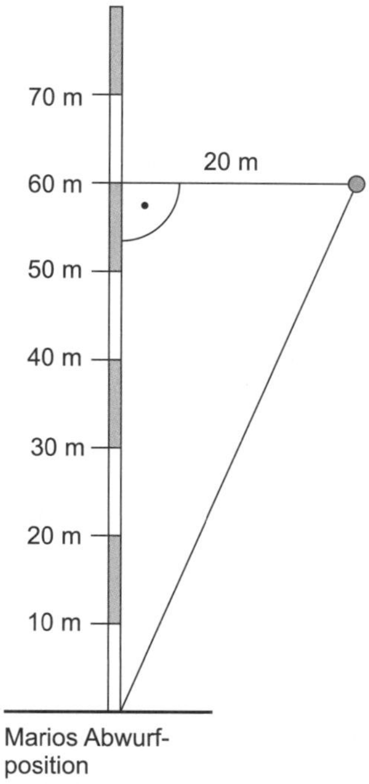

17. In der Klasse 9a sind 23 Schülerinnen und Schüler.
Alle Schülerinnen und Schüler dieser Klasse stellen sich auf dem Sportplatz in einem Kreis so auf, dass ihre Arme ausgestreckt sind und sie sich nur mit den Fingerspitzen berühren (siehe Abbildung). 4

Berechne, wie groß der Radius dieses Kreises ungefähr ist.

Schätze dazu die benötigte Größe. Notiere deinen Rechenweg.

Hier hast du die **Wahl**. Bearbeite **zwei** der vier Wahlaufgaben.

W1. Das Parallelogramm ABCD ist in ein Koordinatensystem eingezeichnet.

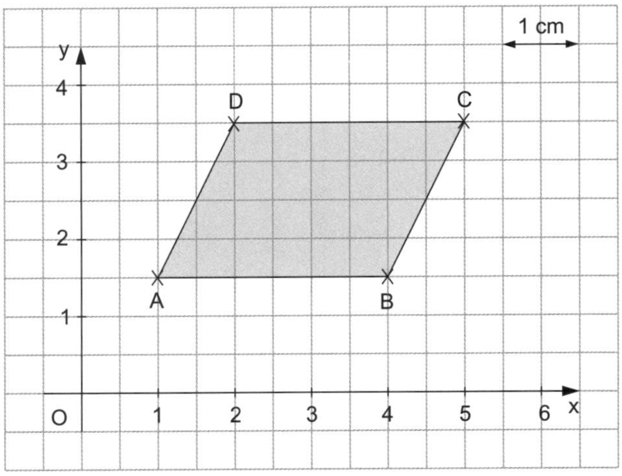

a) Gib die Koordinaten des Punktes C an. 1

b) Berechne den Flächeninhalt des Parallelogramms ABCD. 2

c) Übertrage das Koordinatensystem und das Parallelogramm ABCD auf dein Reinschriftpapier (2 Kästchenlängen entsprechen 1 cm). 2

d) 1. Verschiebe die Punkte C und D um jeweils eine Einheit (1 cm) nach rechts. Beschrifte die verschobenen Punkte mit C' und D'. Verbinde die Punkte A, B, C' und D' zu dem Parallelogramm ABC'D'. 2

2. Begründe, warum das Parallelogramm ABC'D' den gleichen Flächeninhalt wie das Parallelogramm ABCD hat. 1

oder

W2. In einer Umfrage wurden 2 500 Kinder und Jugendliche befragt, wie viel Minuten sie durchschnittlich täglich vor dem Fernsehgerät verbringen (siehe Diagramm).

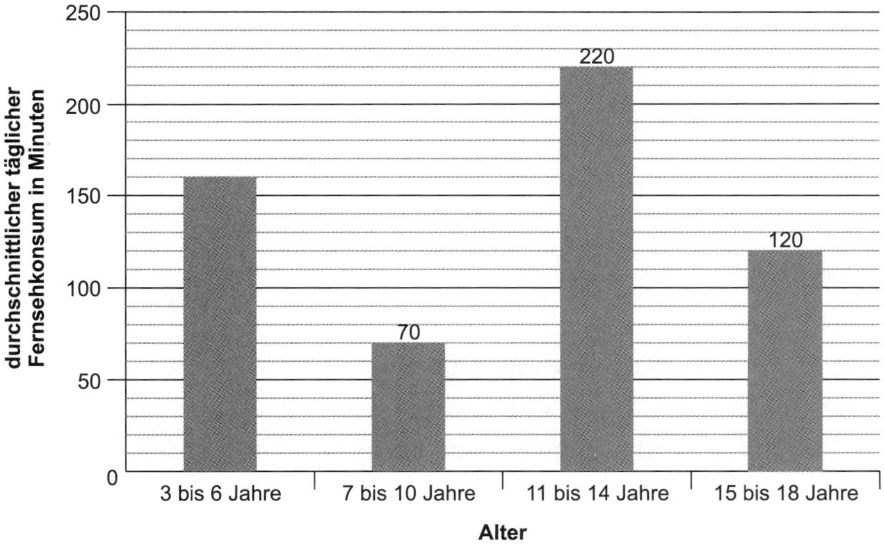

a) Gib an, wie viel Minuten Kinder im Alter von 3 bis 6 Jahren durchschnittlich täglich vor dem Fernsehgerät verbringen. 1

b) Berechne, wie viel Zeit ein 11- bis 14-jähriges Kind durchschnittlich in einem Jahr vor dem Fernsehgerät verbringt. Gib dein Ergebnis in ganzen Tagen an. 3

c) Jugendliche im Alter von 15 bis 18 Jahren verbringen deutlich weniger Zeit vor dem Fernsehgerät als 11- bis 14-jährige Kinder.
Berechne, um wie viel Prozent der tägliche Fernsehkonsum der 15- bis 18-jährigen Jugendlichen im Vergleich zu den 11- bis 14-jährigen Kindern abnimmt. Runde dein Ergebnis auf ganze Prozent. 4

oder

W3. In einer vollen Tüte befinden sich 15 Pralinen mit gleicher Form, aber mit drei Geschmacksrichtungen: 5 weiße Pralinen, 7 Vollmilchpralinen und 3 Kokospralinen.

a) Berechne, wie viel Prozent der Pralinen Kokospralinen sind. 2

b) Eva nimmt sich ohne hinzusehen Pralinen aus der vollen Tüte.

1. Gib die Wahrscheinlichkeit dafür an, dass sie zufällig als erstes eine weiße Praline herausnimmt. 1
2. Berechne die Wahrscheinlichkeit dafür, dass Eva aus der vollen Tüte zufällig als erstes eine Kokospraline und dann eine Vollmilchpraline herausnimmt. 3

c) Die Pralinen gibt es auch als Familienpackung mit insgesamt 60 Pralinen. Der Anteil der einzelnen Pralinensorten entspricht dem in der Tüte. Gib an, wie viele Vollmilchpralinen eine solche Familienpackung enthält. 2

oder

W4. Lies den folgenden Text und die fünf Aufgaben (a, b, c, d, e) aufmerksam durch. Bevor du rechnest, kannst du wichtige Angaben zur Bearbeitung der jeweiligen Aufgabe markieren.

Plastiktüten, Pappbecher, verdorbene Lebensmittel, Elektroschrott – über die Umweltbelastung machen sich nur wenige Menschen Gedanken. Der Abfall wird ja abgeholt und entsorgt. Im Jahr 2014 hat jeder Einwohner und jede Einwohnerin Deutschlands durchschnittlich 618 Kilogramm Abfall produziert. Im Vergleich dazu lag der europäische Durchschnitt im selben Jahr bei 475 Kilogramm Abfall pro Person. Fachleute gehen davon aus, dass sich die Abfallmenge bis zum Jahr 2025 noch verdoppeln wird.

Von dem im Jahr 2014 in Deutschland erzeugten Abfall entfielen 36 % auf Restmüll, 58 % auf getrennt gesammelten Abfall (Papier, Glas, Bioabfall, Elektroschrott, …) und der Rest auf Sperrmüll.
Eine mögliche Ursache für den ansteigenden Verpackungsmüll sind die sogenannten „Coffee-to-go"-Becher. In Deutschland werden durchschnittlich 7 680 000 „Coffee-to-go"-Becher pro Tag verkauft.

Zahlen nach: https://www.destatis.de/Europa/DE/Thema/UmweltEnergie/Abfallaufkommen.html und Deutsche Umwelthilfe

a) Um wie viel Kilogramm unterschied sich im Jahr 2014 die Menge des jährlich produzierten Abfalls einer Person aus Deutschland von dem europäischen Durchschnitt? 1

b) Gib an, wie viel Prozent des Abfalls im Jahr 2014 in Deutschland Sperrmüll waren. 1

c) Im Jahr 2014 lebten etwa 730 000 Menschen in Frankfurt. Berechne, wie viel Tonnen Abfall diese Menschen 2014 ungefähr erzeugt haben. 2

d) Berechne, wie viel Kilogramm Restmüll eine Person in Deutschland im Jahr 2014 produziert hat. Runde auf ganze Kilogramm. 2

e) Anna behauptet: „Es werden rund 300 Millionen ‚Coffee-to-go'-Becher in einem Jahr in Deutschland verkauft." Hat sie recht? Begründe deine Antwort. 2

1. Teil (ohne Taschenrechner)

Du darfst den Taschenrechner und die Formelsammlung nicht benutzen.
Bearbeite alle Aufgaben auf diesem Blatt.

Punkte

1. Berechne.

Platz zum Rechnen:

a) $48{,}6 + 13 = \square$ 1

b) $0{,}8 \cdot 60 = \square$ 1

c) $500 - 238{,}5 = \square$ 1

d) $4 \cdot \square = 16{,}8$ 1

2. Nadine backt einen Kuchen. Laut Rezept muss dieser 55 Minuten im Ofen backen. Um 14:25 Uhr schiebt sie den Kuchen in den Ofen. Als sie nach einer Weile wieder auf die Uhr schaut, ist es 15:05 Uhr. 2

Gib an, wie viele Minuten der Kuchen noch im Ofen bleiben muss.

Der Kuchen muss noch $\square$ Minuten im Ofen bleiben.

Platz zum Rechnen:

3. Christian hat ein Rezept für Waffeln. Für 12 Waffeln benötigt man 600 g Mehl. Er hat aber nur noch 400 g Mehl. 2

Wie viele Waffeln kann Christian mit 400 g Mehl backen?

Christians Mehl reicht für $\square$ Waffeln.

Platz zum Rechnen:

4. a) Gib den Anteil der umgefallenen Spielfiguren an der Gesamtzahl aller Spielfiguren als Bruch an (siehe Abbildung). 1

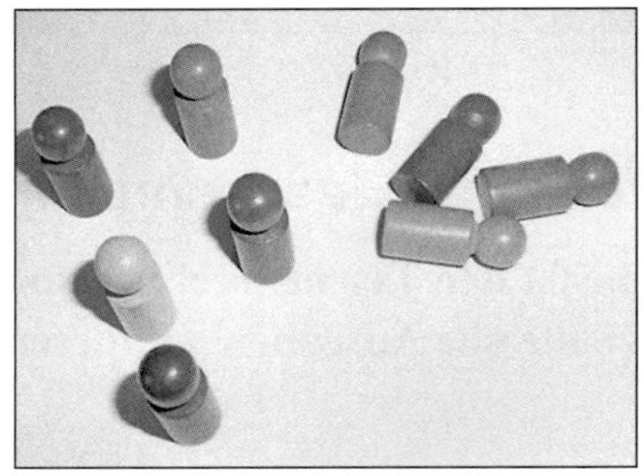

Es sind ___ aller Spielfiguren umgefallen.

b) Gib an, wie viele Spielfiguren noch umfallen müssen, damit $\frac{2}{3}$ aller Spielfiguren umgefallen sind (siehe Abbildung). 1

Anzahl der Spielfiguren, die noch umfallen müssen: ___

Platz zum Rechnen:

5. Das abgebildete Glücksrad ist in zehn gleich große Felder unterteilt. Die Felder sind grau oder weiß und mit Zahlen beschriftet (siehe Abbildung).

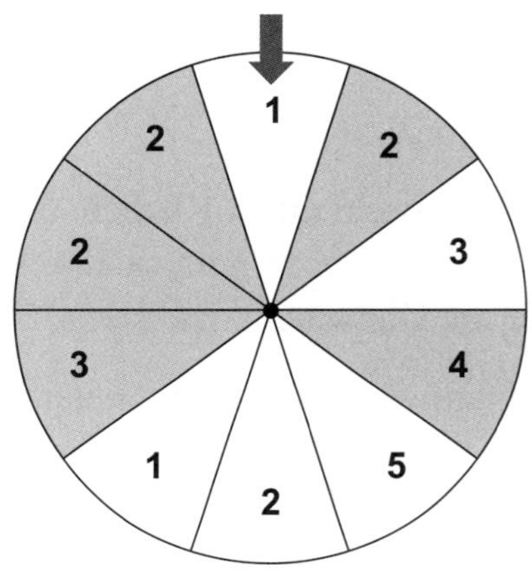

Es wird einmal gedreht.

a) Gib an, mit welcher Wahrscheinlichkeit der Pfeil auf ein Feld mit der Zahl 1 zeigt. 1

Die Wahrscheinlichkeit beträgt ___ .

b) Gib an, mit welcher Wahrscheinlichkeit der Pfeil auf ein graues Feld mit der Zahl 2 zeigt. 1

Die Wahrscheinlichkeit beträgt ___ .

c) Die Wahrscheinlichkeit, dass der Pfeil auf ein graues Feld zeigt, soll $\frac{4}{5}$ betragen. Gib an, wie viele der zehn Felder dann grau sein müssten. 1

Es müssten ___ Felder grau sein.

6. Anton fährt mit seinem Motorrad von Rüdesheim nach Kronberg.

Der Verlauf der Fahrt ist im abgebildeten Diagramm vereinfacht dargestellt.

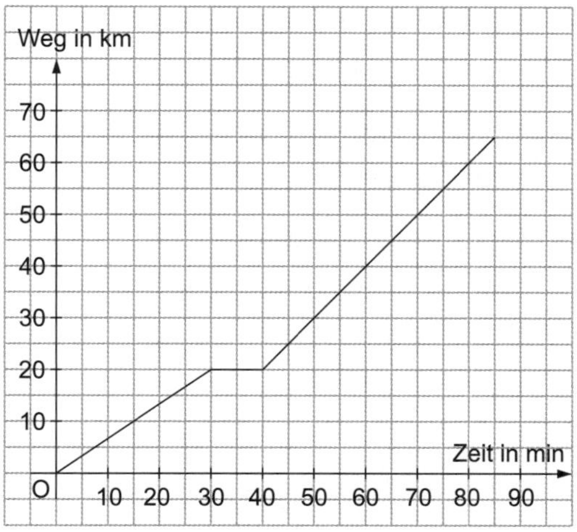

a) Gib an, wie viel Kilometer Anton insgesamt fährt. 1

Anton fährt insgesamt ☐ km.

b) Gib an, wie viel Minuten Anton Pause macht. 1

Anton macht ☐ Minuten Pause.

c) Anton fährt nach der Pause schneller als in den ersten 30 Minuten seiner Fahrt. Beschreibe, woran du das im abgebildeten Diagramm erkennen kannst. 1

Platz zum Schreiben:

7. In eine Holzleiste sollen nebeneinander vier gleich große Bohrlöcher gebohrt werden. Die Mittelpunkte des ersten und des vierten Bohrlochs sollen vom Rand jeweils einen Abstand von 2 cm haben. Der Abstand zwischen benachbarten Bohrlöchern soll immer gleich groß sein. 3

Markiere auf der Mittellinie die vier Bohrlöcher jeweils durch ein Kreuz.

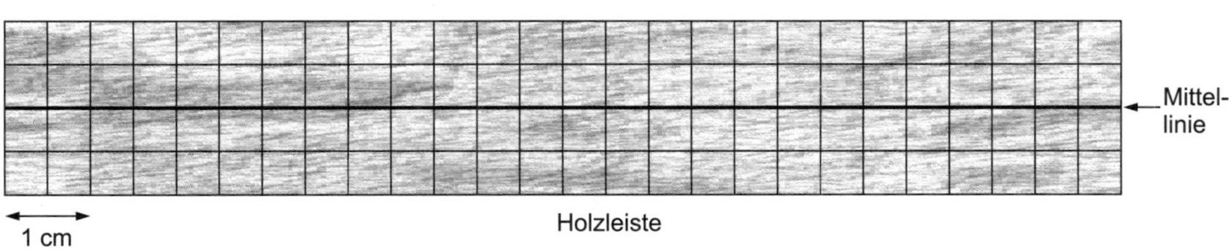

8. Die Abbildung zeigt das Dreieck ABC im Koordinatensystem.

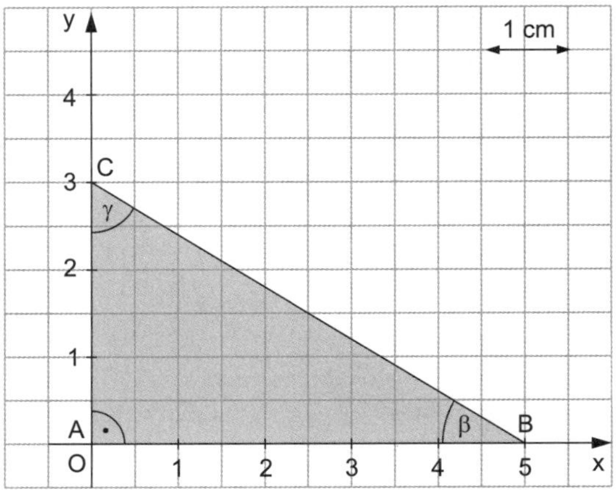

a) Miss den Winkel β und gib seine Größe an. 1

Die Größe des Winkels β

beträgt ☐°.

b) Berechne den Flächeninhalt des Dreiecks ABC. 2

Der Flächeninhalt des Dreiecks

ABC beträgt ☐ cm^2.

Platz zum Rechnen:

c) Markiere auf der y-Achse einen Punkt P, sodass der Flächeninhalt des Dreiecks ABP nur halb so groß ist wie der des Dreiecks ABC. 1

9.

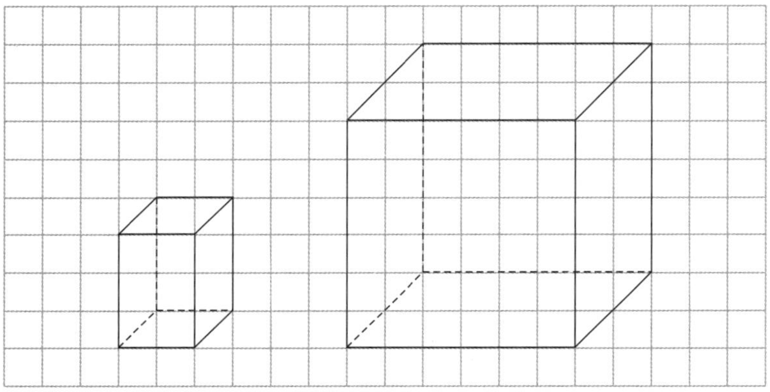

Wie viele kleine Quader benötigt man, um den großen Quader vollständig auszufüllen? 1

Es werden ☐ kleine Quader benötigt.

2. Teil (mit Taschenrechner)

Du darfst den Taschenrechner und die Formelsammlung benutzen.
Schreibe bei jeder Aufgabe den Lösungsweg auf dein Reinschriftpapier.
Vergiss die Maßeinheiten im Ergebnis nicht. Punkte

10. Für alle Wohnungen im Haus der Mittelgasse 5 ist der Mietpreis pro Quadratmeter derselbe. Julia zahlt 450 € Miete für ihre 60 m^2 große Wohnung in diesem Haus.

a) Frau Grimm bewohnt eine 80 m^2 große Wohnung im selben Haus. 2
Berechne, wie viel Euro Miete Frau Grimm für ihre Wohnung zahlen muss.

b) Familie Rüdiger zahlt 825 € Miete in diesem Haus. 2
Berechne, wie viel Quadratmeter ihre Wohnung hat.

11. a) Zeichne das Dreieck ABC mit 4
$a = 5$ cm, $\gamma = 60°$ und $b = 6{,}5$ cm.

Beschrifte die Eckpunkte.

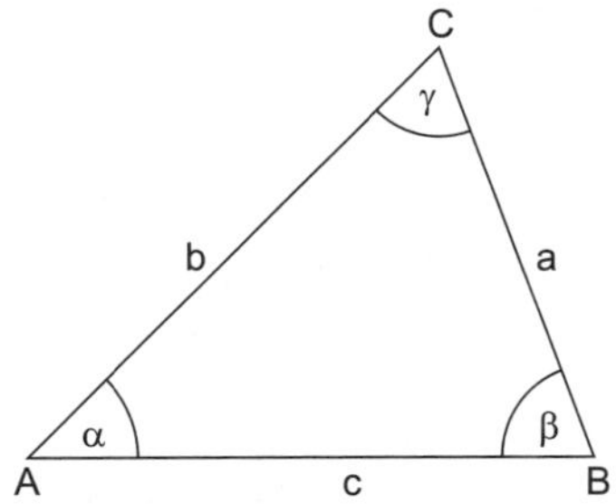

Zeichnung nicht maßstabsgerecht

b) Auf einer Wiese werden drei Windräder W_1, W_2 und W_3 aufgestellt. 2
W_1 hat zu W_2 eine Entfernung von 350 m.
W_1 hat zu W_3 eine Entfernung von 300 m.
Die Entfernung von W_2 zu W_3 beträgt 400 m.

Fertige zu dieser Situation eine Freihandskizze an. Trage in die Skizze auch die Entfernungen zwischen den Windrädern ein.

12. Ein Moped kostet 1 450 €.
Dazu kommen noch 19 % Mehrwertsteuer.

a) Berechne den Gesamtpreis mit Mehrwertsteuer. 3

b) Maria behauptet: „Die Mehrwertsteuer in Euro kann ich schnell überschlagen, indem ich den Preis ohne Mehrwertsteuer durch fünf teile.“ 2

Hat Maria recht? Begründe deine Antwort.

© Davide Guglielmo/sxc.hu

13. Berechne das Volumen der abgebildeten zylinderförmigen Auflaufform. 4
Verwende die Maße aus der Abbildung.

Gib dein Ergebnis in ganzen Litern an.

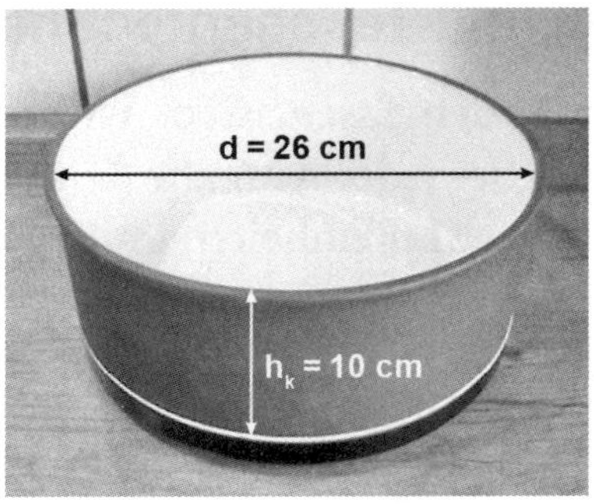

14. a) Löse die Gleichung. 4

$44x - 4 = 42x + 12 - 6x$

b) Notiere zu folgendem Zahlenrätsel die passende Gleichung. 2

„Wenn du zum Dreifachen einer unbekannten Zahl 18 addierst, so erhältst du das Vierfache der unbekannten Zahl.“

15. An der Rheingau-Schule wird jedes Jahr ein Wohltätigkeitsbasar veranstaltet. Der gesamte Gewinn wird gespendet.

In der folgenden Tabelle sind die Gewinne der Klassen 8 und 9 aufgelistet.

	Jahrgangsstufe 8			**Jahrgangsstufe 9**	
Klasse	Klasse 8a	Klasse 8b	Klasse 8c	Klasse 9a	Klasse 9b
Gewinn	82 €	229 €	93 €	265 €	181 €

a) Berechne den Durchschnitt des Gewinns der fünf Klassen. 2

b) Für die Schülerzeitung sollen die Gewinne der Jahrgangsstufen 8 und 9 in einem Kreisdiagramm dargestellt werden. 2
Begründe durch eine Rechnung, warum der Winkel für den Kreisausschnitt der Jahrgangsstufe 9 größer als 180° sein muss.

c) Die Klassen 7a und 7b erzielten im Durchschnitt einen Gewinn von 198 €. 2
Die Klasse 7a erzielte dabei einen Gewinn von 232 €.
Berechne den Gewinn der Klasse 7b.

16. Ein Baumstamm hat einen Durchmesser von 40 cm (siehe Abbildung). 4
Aus diesem Baumstamm soll ein möglichst großer Balken mit quadratischer Grundfläche herausgesägt werden.
Berechne die Länge der Seite a der quadratischen Grundfläche.
Runde dein Ergebnis auf ganze Zentimeter.

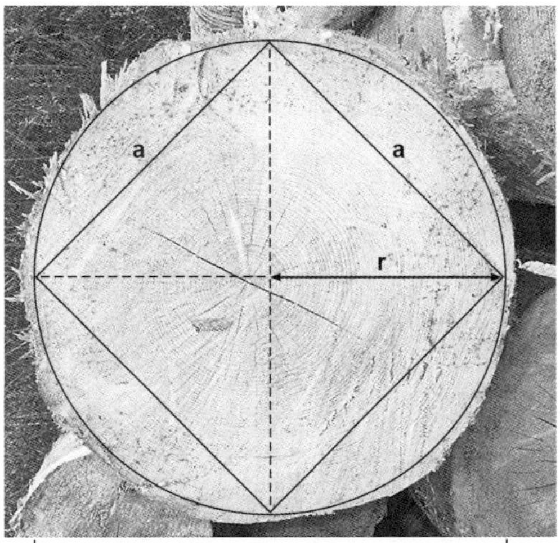

d = 40 cm

17. Leon möchte das Volumen des abgebildeten Heißluftballons schätzen. Dazu zeichnet er einen Würfel in das Bild (siehe Abbildung). Er weiß, dass die Höhe des Korbes 1,10 m beträgt.
Damit schätzt er die Kantenlänge des Würfels und berechnet das Würfelvolumen.

a) Berechne, wie groß das Volumen des Heißluftballons mit dem Würfel als Modell ungefähr ist. 3

Schätze dazu die benötigte Größe.
Notiere deinen Rechenweg.

b) Leons Freund Sami hält das Modell für zu ungenau. 2
Nenne einen anderen mathematischen Körper oder einen zusammengesetzten Körper, mit dem man das Volumen des Heißluftballons genauer bestimmen kann.
Erkläre deine Wahl.

Hier hast du die **Wahl**. Bearbeite **zwei** der vier Wahlaufgaben.

W1. Die Zeichnung zeigt das Trapez ABCD und die Gerade g.

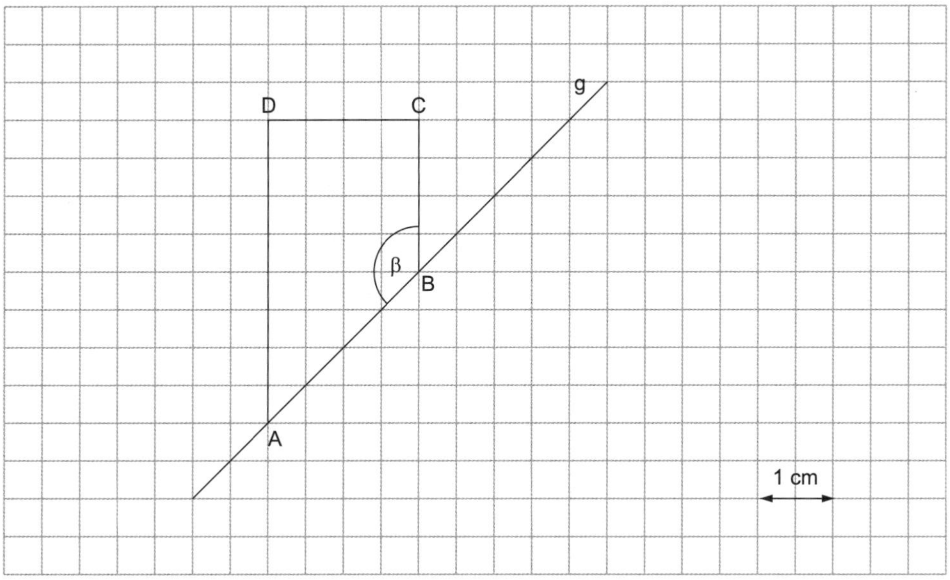

a) Übertrage das Trapez ABCD und die Gerade g auf dein Reinschriftpapier (2 Kästchen entsprechen 1 cm). 1

b) Bestimme die Größe des Winkels β. 1

c) Bestimme den Flächeninhalt des Trapezes ABCD. 2

d) 1. Spiegele die Punkte C und D an der Geraden g und bezeichne die Bildpunkte mit C' und D'. 2

2. Paul hat die Punkte A, D', C', B, C und D zum Vieleck verbunden. Er behauptet: „Die Winkelsumme der Innenwinkel des Vielecks AD'C'BCD beträgt 720°.“ Begründe, warum Paul recht hat. 2

oder

W2. Das Diagramm zeigt die Bevölkerungsentwicklung der Stadt Frankfurt am Main.

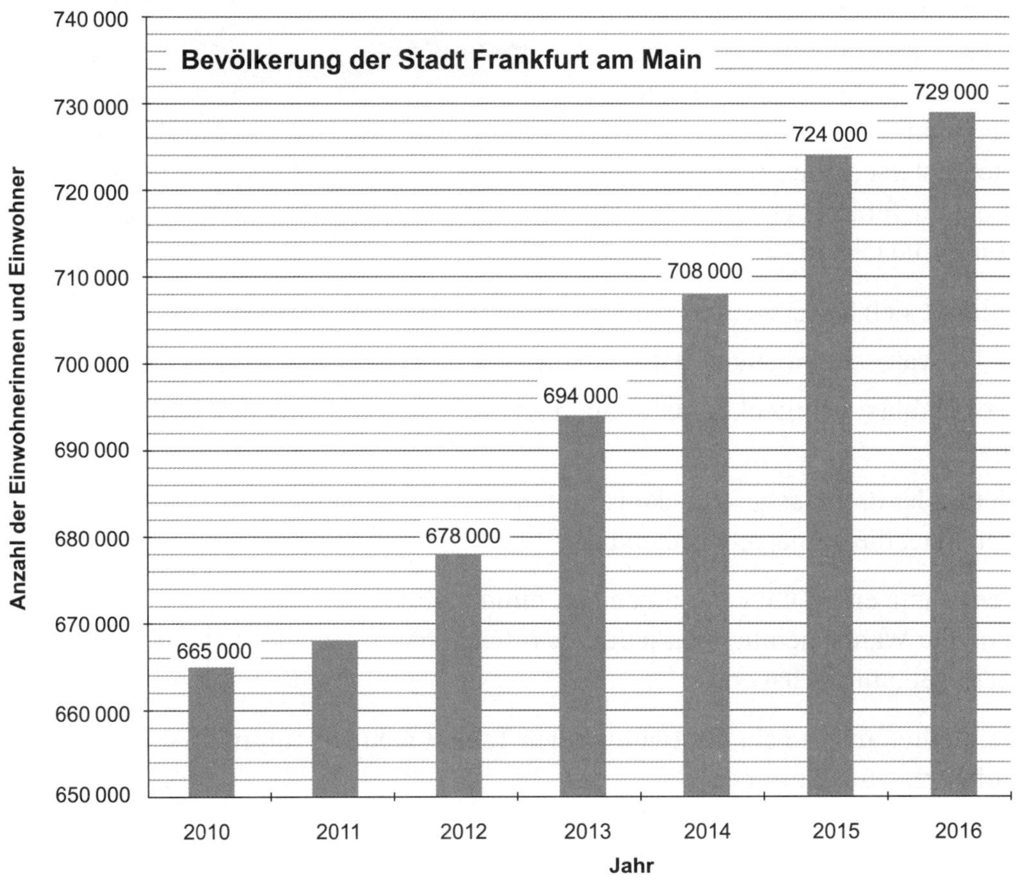

a) Gib die Anzahl der Einwohnerinnen und Einwohner der Stadt Frankfurt im Jahr 2011 an. 1

b) Berechne, um wie viel Prozent die Bevölkerung der Stadt Frankfurt vom Jahr 2013 bis zum Jahr 2014 gewachsen ist. Runde dein Ergebnis auf ganze Prozent. 3

c) Im Jahr 2015 waren 16 % aller Frankfurterinnen und Frankfurter jünger als 18 Jahre. Berechne, wie viele Personen das sind. 2

d) Eva sagt: „Schon wieder ein Diagramm, das nicht bei null anfängt. 2
Könnte man nicht einfach pro 1 000 Personen 1 mm wählen und das Diagramm bei null Personen anfangen lassen?"
Würde ein solches Diagramm auf ein DIN-A4-Blatt passen?
Begründe deine Antwort durch eine Rechnung.

oder

W3. Auf Claudias Geburtstagsparty darf sich jeder Gast ein kleines Gastgeschenk nehmen. Claudia hat 6 Lavendelseifen, 4 Duftkerzen und 5 Badekugeln einzeln in Tüten verpackt.
Die 15 Tüten unterscheiden sich nicht und stehen auf einem Tablett (siehe Abbildung).
Jeder Gast nimmt sich zufällig eine Tüte.

a) Tanja nimmt sich als Erste eine Tüte.

1. Gib die Wahrscheinlichkeit dafür an, dass die Tüte eine Badekugel enthält. 1
2. Gib die Wahrscheinlichkeit dafür an, dass die Tüte **keine** Lavendelseife enthält. 1
3. Welches der drei Gastgeschenke ist mit einer Wahrscheinlichkeit von 40 % in der Tüte, die Tanja genommen hat? 1

b) Nachdem Tanja eine Tüte genommen hat, nimmt Alina eine Tüte. 3
Berechne die Wahrscheinlichkeit dafür, dass beide Mädchen eine Tüte mit einer Duftkerze genommen haben.

c) Wie viele Tüten müsste ein Gast vom vollen Tablett nehmen, um mit Sicherheit eine Duftkerze zu bekommen? 2

oder

W4. Tim hat seit 3 Jahren eine Wohnung mit insgesamt 62 m^2 Wohnfläche gemietet. Das Haus, in dem Tim die Wohnung gemietet hat, wurde 1975 gebaut und 2012 renoviert.

Tim hat in seiner Wohnung ein 12 m^2 großes Schlafzimmer, ein 20 m^2 großes Wohnzimmer, eine 15 m^2 große Küche, ein 6,5 m^2 großes Bad und zusätzlich einen Flur.

Für die Kaltmiete zahlt Tim monatlich 403 €. Dazu kommen monatlich Nebenkosten in Höhe von insgesamt 1,30 € pro Quadratmeter Wohnfläche. Zu den Nebenkosten gehören z. B. die Heizkosten, die Kosten für die Wasserversorgung, die Straßenreinigung und Müllentsorgung sowie die Kosten für den Hausmeister. Für die zusätzlich gemietete Garage zahlt Tim 540 € im Jahr.

a) Berechne den Flächeninhalt des Flures. 1

b) Tims Wohnzimmer hat einen rechteckigen Grundriss. 2
Sein Wohnzimmer ist 3,2 m breit. Berechne, wie lang sein Wohnzimmer ist.

c) Berechne, wie viel Euro Tim insgesamt für die Kaltmiete, die Nebenkosten und die Garagenmiete monatlich bezahlen muss. 3

d) Tims Kaltmiete entspricht 26 % seines Gehaltes. 2
Berechne die Höhe von Tims Gehalt.

1. Teil (ohne Taschenrechner)

Du darfst den Taschenrechner und die Formelsammlung nicht benutzen.
Bearbeite alle Aufgaben auf diesem Blatt.

Punkte

1. Berechne.

Platz zum Rechnen:

a) $0{,}4+0{,}24=$ ☐ 1

b) $13-8{,}3=$ ☐ 1

c) $\frac{2}{3}\cdot\frac{1}{5}=$ ☐ 1

d) $28{,}8:4=$ ☐ 1

2. Lars notiert bei seiner Fahrt von Kassel nach Hamburg die Kilometerstände seines Autos und die Abfahrts- und Ankunftszeit (siehe Tabelle).

	Kilometerstand	Uhrzeit
Kassel	2 480 km	10:20 Uhr
Hamburg	2 750 km	14:00 Uhr

a) Gib an, wie viel Kilometer Lars von Kassel nach Hamburg gefahren ist. 1

Lars ist von Kassel nach Hamburg ☐ km gefahren.

b) Berechne, wie viel Zeit Lars für die Fahrt von Kassel nach Hamburg benötigt hat. 1

Lars hat ☐ Stunden und ☐ Minuten benötigt.

Platz zum Rechnen:

3. Herr und Frau Krug gehen mit ihren drei Kindern ins Kino. 3
Der Eintritt für jedes Kind beträgt 7,50 € und für jeden Erwachsenen 11,00 €.

Berechne, wie viel Euro Familie Krug für die Kinokarten insgesamt bezahlen muss.

Familie Krug muss insgesamt ☐ € bezahlen.

Platz zum Rechnen:

4. Berechne die Größe der Winkel α und β.

$\alpha =$ ☐ ° 1

$\beta =$ ☐ ° 1

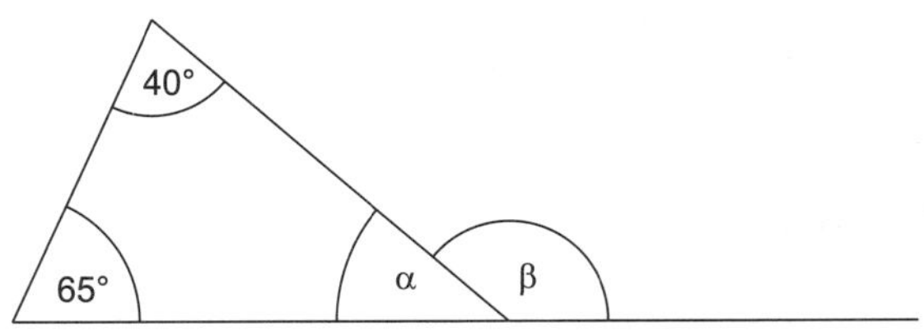

Zeichnung nicht maßstabsgerecht

Platz zum Rechnen:

5. Der Flächeninhalt eines Rechtecks soll 20 cm^2 betragen. In der folgenden Tabelle sind mögliche Längen und Breiten für ein solches Rechteck gegeben. 2
Ergänze die fehlenden Maße so, dass das Rechteck einen Flächeninhalt von 20 cm^2 hat.

Länge a in cm	10	4	
Breite b in cm	2		2,5

Platz zum Rechnen:

6. a) Färbe 20 % der Fläche des Streifens. 2

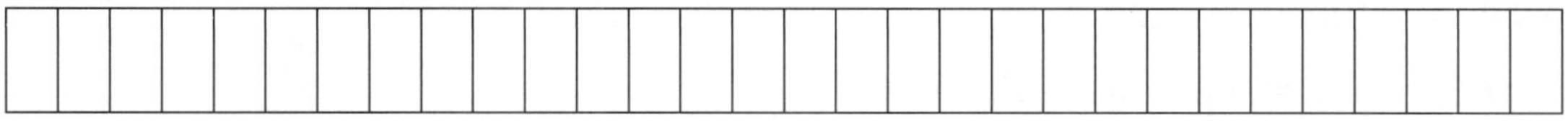

b) Der abgebildete Streifen ist in fünf gleich große Kästchen unterteilt. Die gefärbten zwei Kästchen entsprechen zusammen 14 cm^2. 1

Zeichnung nicht maßstabsgerecht

Gib an, wie groß die Fläche des gesamten Streifens ist.

Der gesamte Streifen ist ☐ cm^2 groß.

Platz zum Rechnen:

7. 3

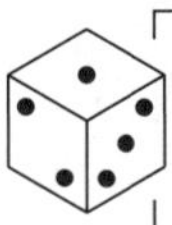

Spiel A:
Ein Spielwürfel ist mit den Zahlen von 1 bis 6 beschriftet. Du gewinnst, wenn du bei einmaligem Würfeln eine gerade Zahl würfelst.

Spiel B:
In einem Beutel sind 4 blaue und 6 rote Kugeln. Du gewinnst, wenn du bei einmaligem Ziehen aus diesem Beutel eine blaue Kugel ziehst.

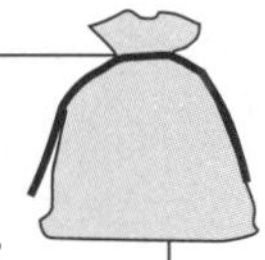

Bei welchem der beiden Spiele ist die Wahrscheinlichkeit zu gewinnen größer? Kreuze an und begründe deine Entscheidung.

☐ Spiel A ☐ Spiel B

Begründung:

Platz zum Rechnen:

8. Bestimme den Flächeninhalt der grauen Figur (siehe Abbildung). 3

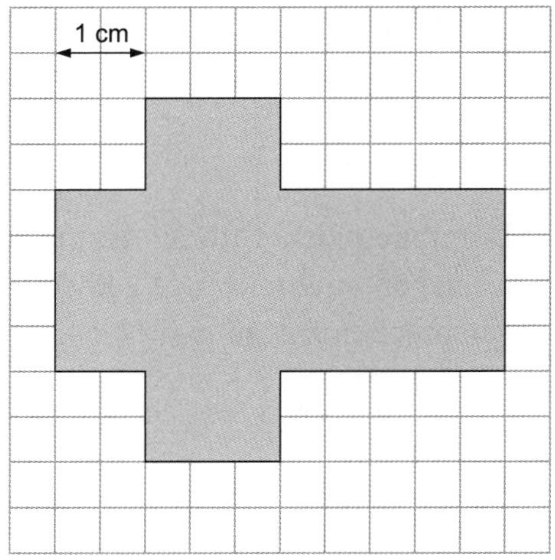

Der Flächeninhalt der grauen Figur

beträgt ☐ cm^2.

Platz zum Rechnen:

9. Gib an, wie viele Ecken und Kanten der abgebildete Körper hat.

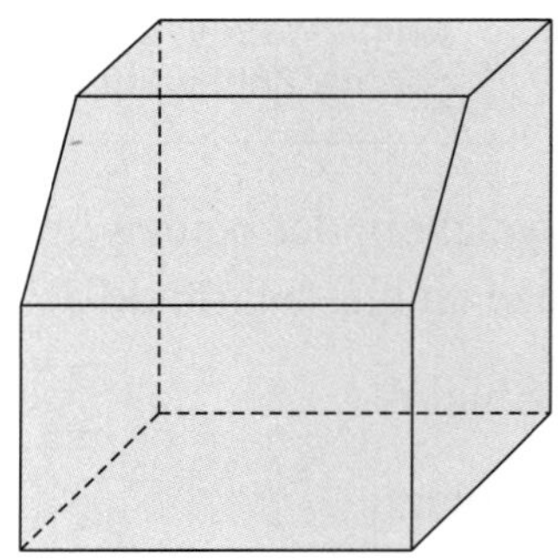

a) Der abgebildete Körper hat ☐ Ecken. 1

b) Der abgebildete Körper hat ☐ Kanten. 1

2. Teil (mit Taschenrechner)

Du darfst den Taschenrechner und die Formelsammlung benutzen.
Schreibe bei jeder Aufgabe den Lösungsweg auf dein Reinschriftpapier.
Vergiss die Maßeinheiten im Ergebnis nicht.

Punkte

10. Ina arbeitet in einer Bäckerei. Sie bekommt einen festen Stundenlohn. Im Februar hat sie 45 Stunden gearbeitet und dafür 414,00 € erhalten.

a) Im März hat Ina 55 Stunden gearbeitet. Berechne, wie viel Geld Ina im März erhält. 2

b) Im April hat Ina 386,40 € verdient. Berechne, wie viel Stunden Ina im April gearbeitet hat. 2

11. a) Zeichne das gleichschenklige Dreieck ABC mit $c = 7$ cm, $h_c = 5{,}5$ cm und $a = b$. Beschrifte die Eckpunkte. 3

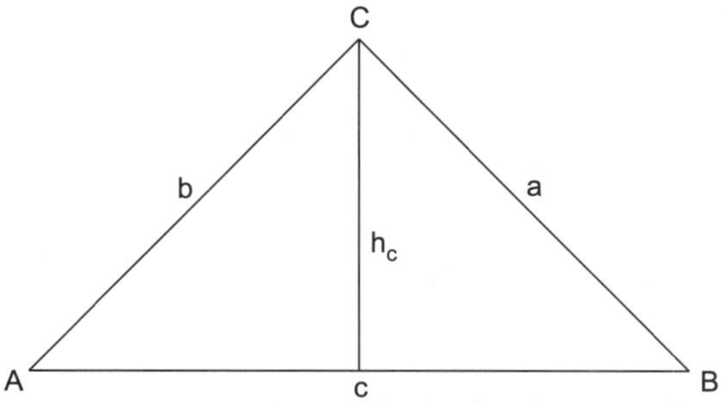

Zeichnung nicht maßstabsgerecht

b) In einem anderen Dreieck sind alle Seiten gleich lang. Max hat den Winkel β gemessen und als Ergebnis 50° erhalten. 1

Begründe, warum die Größe des Winkels β nicht 50° sein kann.

12. Der abgebildete Kreis mit dem Radius $r = 2{,}5$ cm ist in drei gleich große Kreisausschnitte unterteilt. 4

Berechne den Flächeninhalt der grauen Fläche.
Runde dein Ergebnis auf ganze Quadratzentimeter.

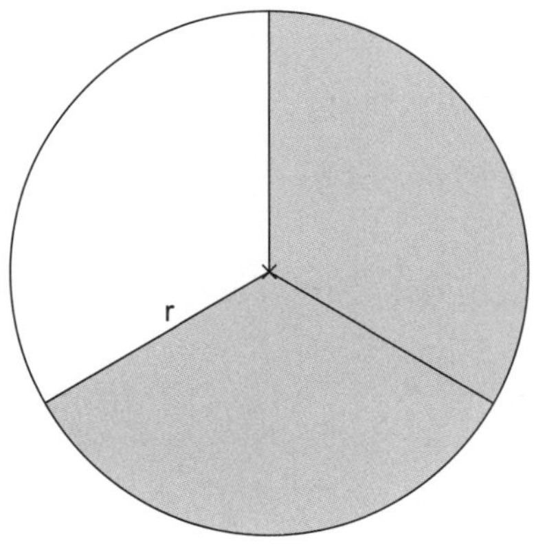

13. Mithilfe der nebenstehenden Grafik lässt sich der Restwert eines Autos bestimmen. Zum Beispiel hat ein Auto nach einem Jahr nur noch einen Restwert von 80 % des Neupreises.

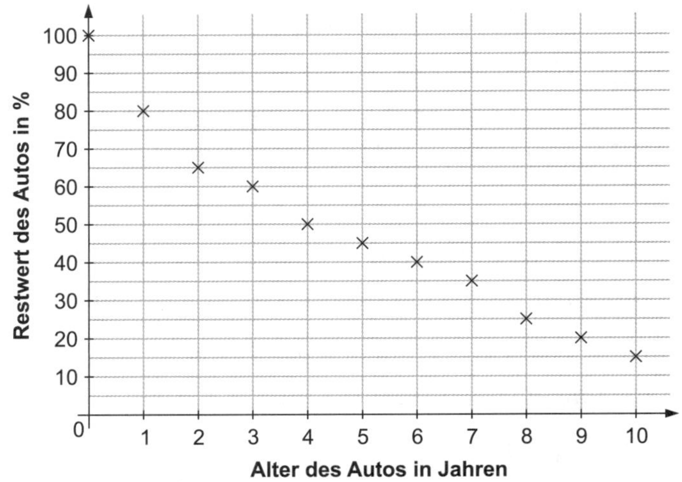

a) Gib an, nach wie vielen Jahren sich der Wert eines Autos halbiert hat. 1

b) Ein Auto ist 7 Jahre alt und hatte einen Neupreis von 17 400 €. 3
Berechne den Restwert des Autos.

c) Ein anderes Auto ist 6 Jahre alt und hat jetzt noch einen Restwert von 13 800 €. 3
Berechne den Neupreis dieses Autos.

14. Die abgebildete Granitkugel hat einen Durchmesser von 30 cm. 5

Berechne, wie schwer die Kugel ist.
1 cm^3 Granit wiegt 2,7 g.
Gib dein Ergebnis in ganzen Kilogramm an.

15. a) Löse die Gleichung. 4

$15x - 12 = 3x + 9 + 5x$

b) Der abgebildete Streckenzug hat insgesamt eine Länge von 96 cm. 3

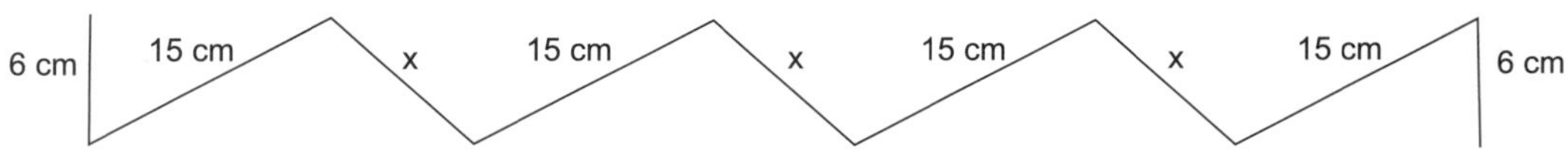

Berechne die Länge x. Notiere deinen Rechenweg.

16. Lea möchte einen quadratischen Spiegel mit den Maßen 2,10 m×2,10 m kaufen. Der Spiegel soll schräg durch die abgebildete Tür geschoben werden (Maße siehe Abbildung). 4

Überprüfe durch eine Rechnung, ob der Spiegel durch die Tür passt.
Notiere einen Antwortsatz.

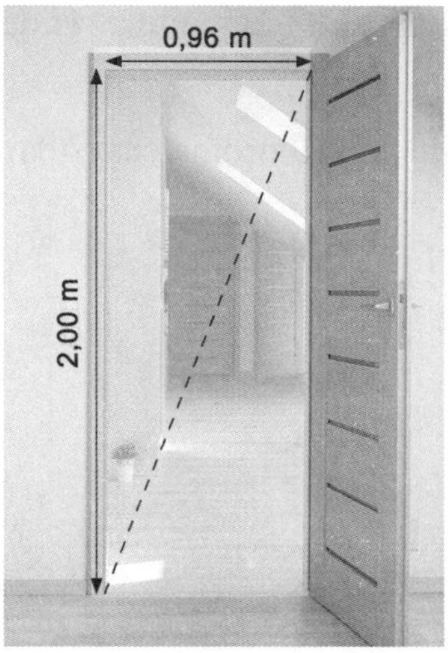

17. Die Fotos zeigen Leons Behälter für Schmutzwäsche zusammen mit seinen Laufschuhen. 5

Wie groß ist das Volumen des Behälters ungefähr?

Schätze für deine Berechnung zunächst die benötigten Größen.
Gib dein Ergebnis in Litern an.

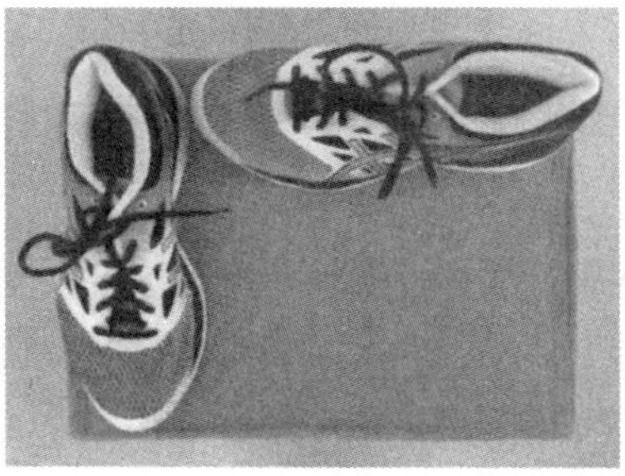

Ansicht von oben

Vorderansicht

Hier hast du die **Wahl**. Bearbeite **zwei** der vier Wahlaufgaben.

W1. Im abgebildeten Koordinatensystem sind die Punkte A bis G eingezeichnet.

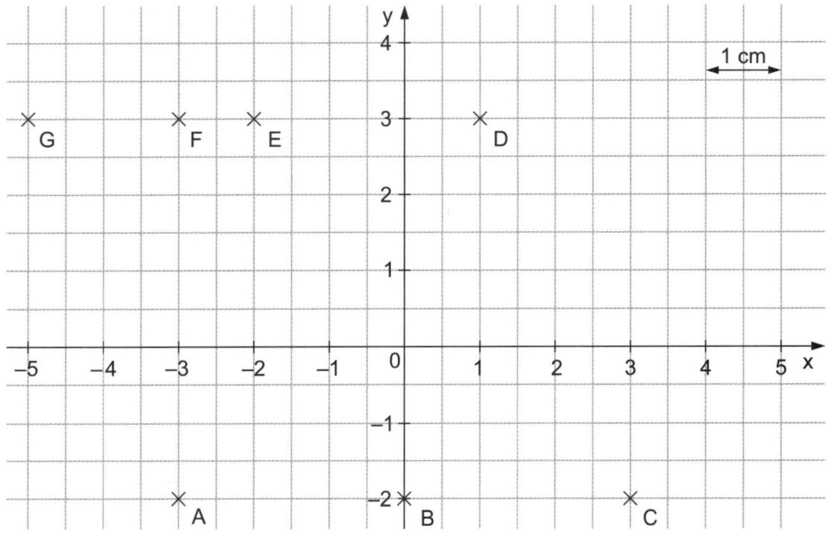

a) Gib die Koordinaten des Punktes A an. 1

b) Welcher Punkt kann mit den Punkten A, B und E zu einem Parallelogramm verbunden werden? 1
Notiere diesen Punkt.

c) Die Punkte A, B, D und F werden zum Trapez ABDF verbunden. 4
Berechne den Flächeninhalt des Trapezes ABDF.

d) Begründe, warum das Dreieck ABE den gleichen Flächeninhalt wie das Dreieck BCD hat. 2

oder

W2. Die Internationale Raumstation ISS umkreist die Erde in einer Höhe von 400 Kilometern. Für eine Erdumrundung benötigt die Raumstation ISS nur 90 Minuten. Die Raumstation legt in einer Stunde einen Weg von 28 800 km zurück.
Im Jahr sind das ungefähr 252 Millionen km.

© Vadim Sadovski/Shutterstock

a) Berechne, wie viel Kilometer die Raumstation ISS nach genau einer Erdumrundung zurückgelegt hat. 2

b) Berechne, wie oft die Raumstation ISS die Erde an einem Tag umrundet. 2

c) Die Städte Hamburg und München sind ungefähr 800 km voneinander entfernt. 3
Berechne, wie viel Sekunden die ISS für eine Strecke von 800 km benötigt.
Tipp: Eine Stunde entspricht 3 600 Sekunden.

d) Wie viel Kilometer legt die Raumstation in einem Jahr zurück? 1
Notiere den Lösungsbuchstaben der richtigen Zahl.

A	**B**	**C**	**D**	**E**
25 200 000	252 000 000 000	252 000	$252 \cdot 10^6$	$252 \cdot 10^4$

oder

W3. Sara hat auf ihrem Handy eine Playlist mit ihren acht Lieblingsliedern eingespeichert (siehe Abbildung).

Für die Musikwiedergabe hat sie „zufällige Wiedergabe" gewählt, d. h., diese acht Lieblingslieder werden in einer zufälligen Reihenfolge abgespielt und dabei nicht wiederholt.

Saras Playlist

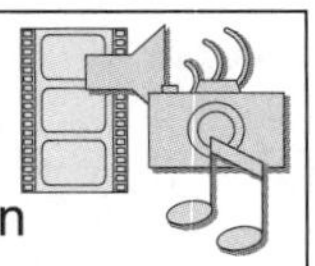

1 Sterne
2 Fly Me to the Moon
3 Nothing Else Matters
4 Oh Happy Day
5 Mein kleiner grüner Kaktus
6 Let the Sun Shine
7 Wonderful World
8 In the Jungle

a) Gib die Wahrscheinlichkeit dafür an, dass als erstes Lied „Oh Happy Day" abgespielt wird. 1

b) Gib die Wahrscheinlichkeit dafür an, dass als erstes Lied „Let the Sun Shine" und als zweites Lied „In the Jungle" abgespielt wird. 3

c) Während einer Fahrt mit dem Zug hört sich Sara die Lieder dieser Playlist an. 2
Nach einigen Minuten stellt sie fest, dass sie bisher die Lieder 2, 4, 5, 6 und 8 gehört hat.
Gib alle möglichen Reihenfolgen an, in denen die verbleibenden drei Lieder 1, 3 und 7 abgespielt werden können.

d) Saras Freundin Lena hat eine Playlist mit 16 Liedern. Auch in ihrer Playlist 2
kommt das Lied „Wonderful World" vor.
Lena behauptet: „Ich habe doppelt so viele Lieder in meiner Playlist, also ist auch die Wahrscheinlichkeit dafür, dass das Lied ‚Wonderful World' als erstes abgespielt wird, doppelt so groß."
Hat Lena recht? Begründe deine Antwort.

oder

W4. Die abgebildete Figur besteht aus einem Rechteck und einem gleichschenkligen Dreieck.
Die Seiten haben folgende Längen:
$x = 8$ cm, $y = 3$ cm und $z = 5$ cm

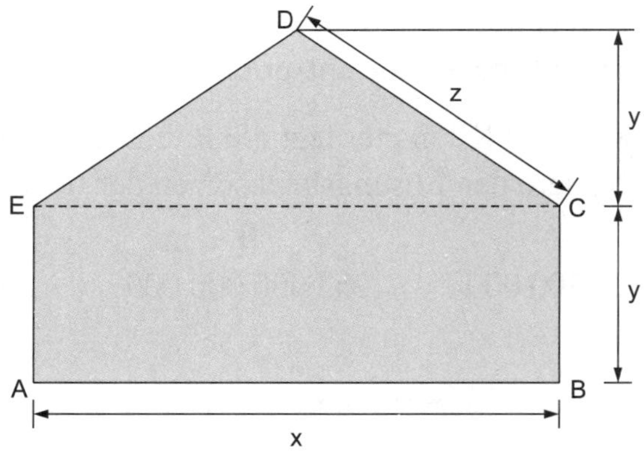

Abbildung nicht maßstabsgerecht

a) 1. Berechne den Umfang u der abgebildeten grauen Figur. 2

2. Erstelle einen Term zur Berechnung des Umfangs u mit den Variablen x, y und z. Fasse den Term so weit wie möglich zusammen. 2

b) Der Flächeninhalt A der grauen Figur kann nach der folgenden Formel berechnet werden: 2

$$A = x \cdot y + \frac{x \cdot y}{2}$$

Berechne den Flächeninhalt der grauen Figur mit den oben genannten Maßen.

c) Mario möchte ein gleichschenkliges Dreieck wie ECD mit anderen Maßen zeichnen. Er behält $x = 8$ cm bei und wählt für $z = 2$ cm. 2
Kann Mario das Dreieck mit diesen Maßen zeichnen? Begründe deine Antwort.

1. Teil (ohne Taschenrechner)

Du darfst den Taschenrechner und die Formelsammlung nicht benutzen.
Bearbeite alle Aufgaben auf diesem Blatt.

Punkte

1. Berechne.

Platz zum Rechnen:

a) $7{,}6 + 2{,}5 =$ ☐ 1

b) $9{,}5 - 12 =$ ☐ 1

c) $6{,}5 : 5 =$ ☐ 1

d) $0{,}73 \cdot 4 =$ ☐ 1

e) $\frac{1}{5} \cdot 3 =$ ☐

2. Welche dieser Angaben entspricht 600 $m\ell$? 1
Kreuze die richtige Antwort an.

0,06 Liter	0,6 Liter	6 dm^3	60 cm^3	6 000 mm^3
☐	☐	☐	☐	☐

Platz zum Rechnen:

3. Nadine hat in ihrem Küchenschrank 20 Löffel.
Es sind 6 Suppenlöffel, 5 Eislöffel und 9 Teelöffel (siehe Abbildung).

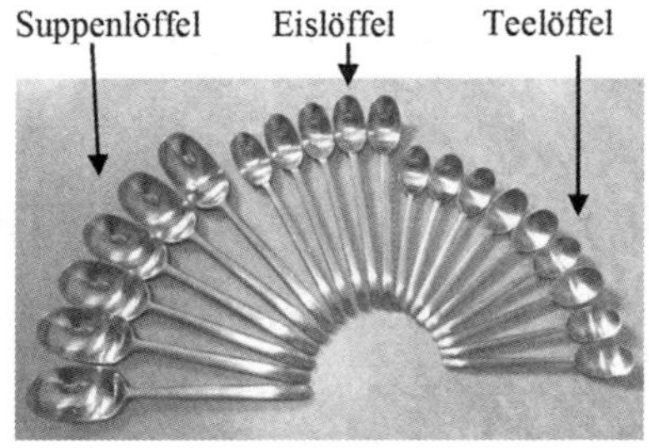

a) Gib den Anteil der Teelöffel an der Gesamtzahl aller Löffel als Bruch an. 1

Der Anteil der Teelöffel beträgt [——].

b) Gib den Anteil der Eislöffel an der Gesamtzahl aller Löffel in Prozent an. 2

Der Anteil der Eislöffel beträgt [ ] %.

Platz zum Rechnen:

4. a) Eine Kerze brennt gleichmäßig ab. In 30 Minuten brennen 2 cm ab. 2
Berechne, wie viele Minuten es dauert, bis 11 cm abgebrannt sind.

Es dauert [ ] Minuten.

Platz zum Rechnen:

b) Die abgebildete Kerze hat noch $\frac{2}{3}$ ihrer ursprünglichen Länge. 2
Sie ist jetzt noch 12 cm hoch.

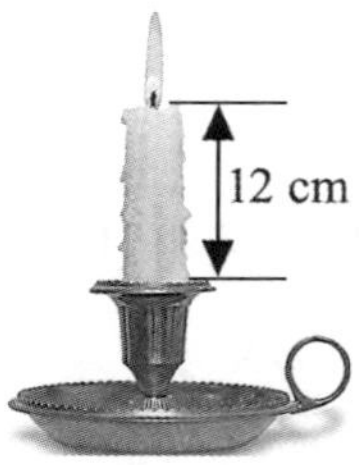

© Richard Thomas/123rf.com

Berechne, wie hoch die Kerze ursprünglich war.

Die Kerze war ursprünglich [ ] cm hoch.

Platz zum Rechnen:

5. Im Januar 2018 hatte der Rhein Hochwasser. In der Grafik ist der Pegelstand von Rüdesheim am 26.01.2018 vereinfacht dargestellt.

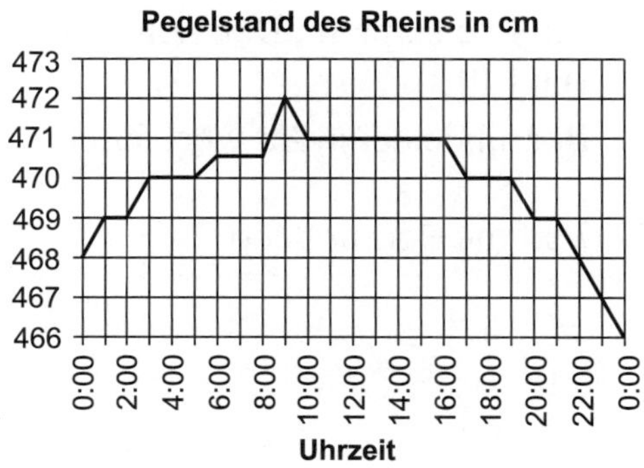

a) Gib an, wie hoch der Pegelstand des Rheins um 21:00 Uhr war. 1

Um 21:00 Uhr war der Pegelstand ☐ cm hoch.

b) Gib an, zu welcher Uhrzeit der Pegelstand am höchsten war. 1

Der Pegelstand war um ☐ Uhr am höchsten.

c) Ab 10 Uhr lag der Pegel über mehrere Stunden bei 471 cm. 1
Gib an, wie lange sich dieser Pegelstand gehalten hat.

Der Pegelstand hat sich ☐ Stunden gehalten.

6. Miss die Seitenlänge a des abgebildeten Rechtecks und berechne, wie groß der Flächeninhalt des Rechtecks ist. 3

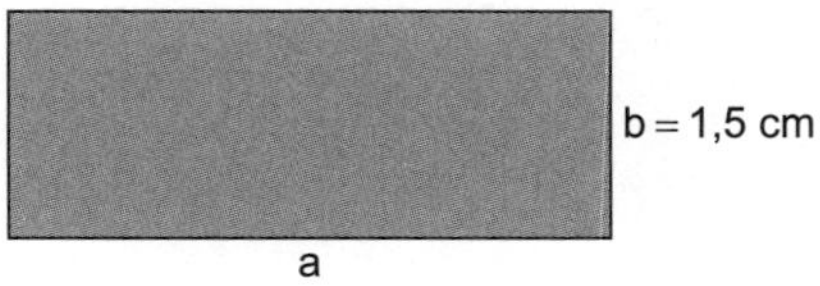

Die Seite a ist ☐ cm lang.

Der Flächeninhalt des Rechtecks ist ☐ cm^2 groß.

Platz zum Rechnen:

7. a) Bestimme die Größe der Winkel α und β. 2

$\alpha =$ ☐ °

$\beta =$ ☐ °

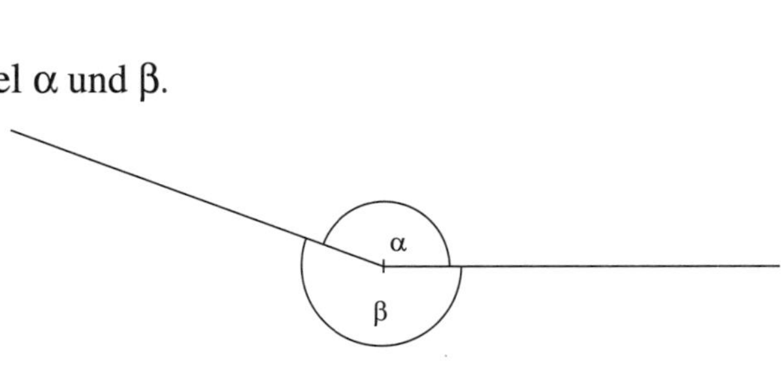

b) Lilly behauptet: „Der Winkel α ist 50° groß.“ 2
Hat Lilly recht?
Begründe deine Antwort durch eine Rechnung.

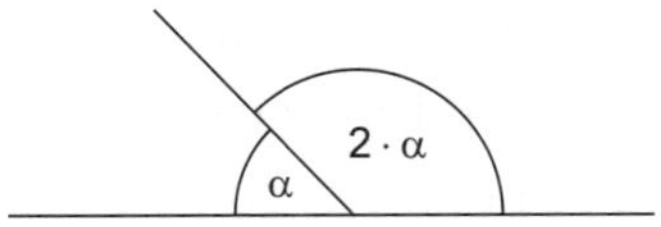

Zeichnung nicht maßstabsgerecht

Antwort mit Begründung:

8. Aus einem Quader wurde ein kleiner Quader herausgeschnitten (siehe Abbildung). 1

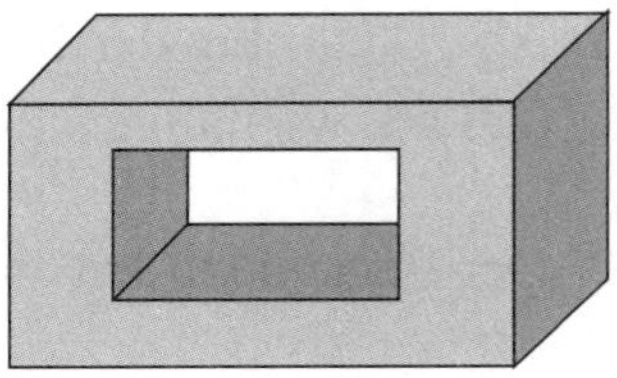

Gib die Anzahl der Flächen des abgebildeten Körpers an.

Der Körper hat ☐ Flächen.

2. Teil (mit Taschenrechner)

Du darfst den Taschenrechner und die Formelsammlung benutzen.
Schreibe bei jeder Aufgabe den Lösungsweg auf dein Reinschriftpapier.
Vergiss die Maßeinheiten im Ergebnis nicht.

Punkte

9. An einer Tankstelle tankt Henris Vater für sein Auto 30 Liter „Super“. Er zahlt dafür 45,60 €.

a) Henri kauft an dieser Tankstelle für seinen Motorroller 4 Liter „Super“. Berechne, wie viel Euro Henri dafür bezahlt. 2

b) Die Kundin vor Henri zahlt an der Kasse 68,40 € für „Super“. Berechne, wie viel Liter sie getankt hat. 2

10. Konstruiere das Viereck ABCD. Entnimm die dazu notwendigen Maße der Planfigur (siehe Abbildung). Beschrifte die Eckpunkte. 4

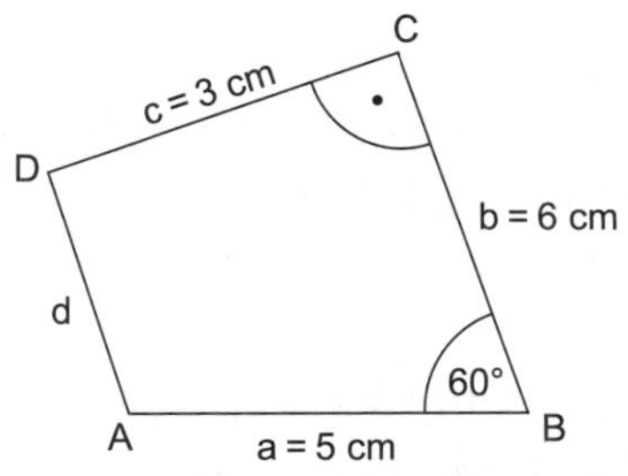

Zeichnung nicht maßstabsgerecht

11. Bei einer Umfrage in der Jahrgangsstufe 8 gaben 54 der Befragten an, keinen Helm beim Fahrradfahren zu tragen. Die restlichen 126 der Befragten tragen immer einen Helm beim Fahrradfahren. Die Umfrage in der Jahrgangsstufe 9 ergab, dass von 220 Befragten 65 % der Befragten immer einen Helm beim Fahrradfahren tragen.

a) Berechne, wie viel Prozent der Befragten in der Jahrgangsstufe 8 immer einen Helm beim Fahrradfahren tragen. 3

b) Berechne, wie viele der Befragten in der Jahrgangsstufe 9 nicht immer einen Helm beim Fahrradfahren tragen. 3

12. Die Dachfläche dieses Hauses besteht aus zwei gleich großen (deckungsgleichen) Dreiecken und zwei gleich großen (deckungsgleichen) Trapezen. 5
Berechne die Größe der gesamten Dachfläche.
Die Aussparungen für Schornsteine müssen nicht berücksichtigt werden.

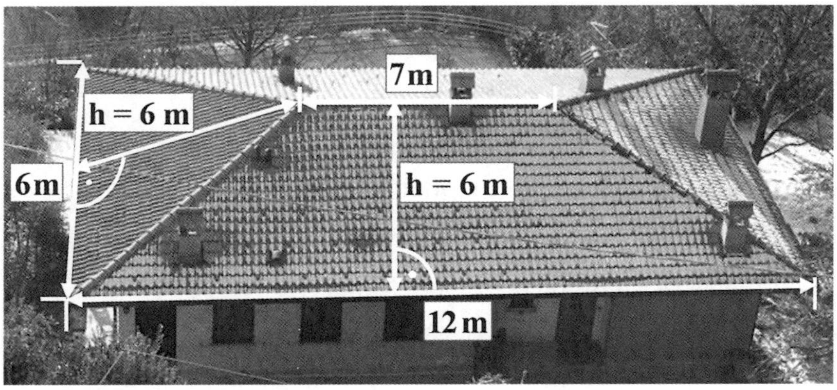

13. Ella hat aus dem Urlaub einen pyramidenförmigen grünen Schmuckstein mitgebracht (siehe Abbildung). 4
Sie möchte wissen, aus welchem Material die Pyramide besteht.
Beim Messen stellt Ella fest, dass die Pyramide eine quadratische Grundfläche mit einer Seitenlänge $a = 4$ cm und eine Körperhöhe $h_k = 3$ cm hat.
Anschließend wiegt sie die Pyramide.
Die Pyramide wiegt 57,6 g.

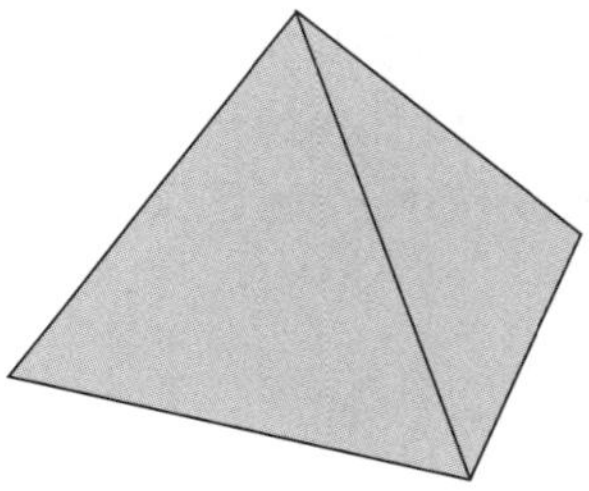

Im Internet findet sie folgende Angaben für grüne Schmucksteine:

Edelstein	**1 cm³ wiegt**
Türkis	2,6 g
Jade	3,3 g
Malachit	3,6 g

Bestimme durch eine Rechnung, aus welchem der drei angegebenen Materialien die Pyramide ist. Notiere einen Antwortsatz.

14. a) Löse die Gleichung. 4
$22x - 12 - 7x = 8x + 9$

b) Für die Gleichung $x \cdot x + 13 = 29$ ist $x = 4$ eine Lösung. 2
Zeige durch eine Rechnung, dass $x = -4$ ebenfalls eine Lösung der Gleichung ist.

15. In einem Elektronikgeschäft entdeckt Katja zufällig einen 42-Zoll-Fernseher zum Sonderpreis.
Da sie einen neuen Fernseher braucht, überlegt sie, ob der Fernseher in ihr Regalfach passt.
Sie weiß, dass ihr Regalfach 90 cm breit und 50 cm hoch ist (siehe Abbildung).
Die Bildschirmdiagonale d wird in Zoll angegeben.
Ein Zoll entspricht einer Länge von 2,54 cm. 6

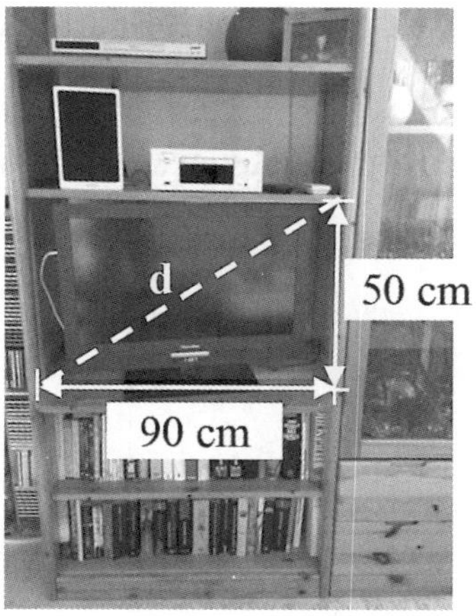

Passt der 42-Zoll-Fernseher in Katjas Regalfach?
Überprüfe durch eine Rechnung und notiere einen Antwortsatz.

16. Die abgebildete Schüssel soll bis zum Rand mit Wasser gefüllt werden. 5

Berechne, wie viel Liter Wasser ungefähr in diese Schüssel passen.

Schätze dazu das benötigte Maß.

Hier hast du die **Wahl**. Bearbeite **zwei** der vier Wahlaufgaben.

W1. Im Koordinatensystem ist das Quadrat ABCD eingezeichnet.

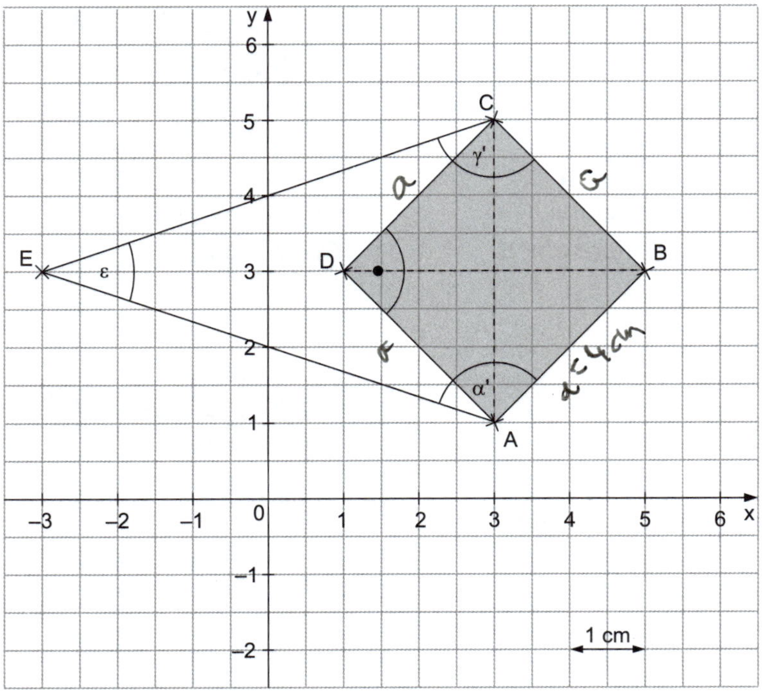

a) Gib die Koordinaten des Punktes B an. 1

b) Bestimme den Flächeninhalt des Quadrates ABCD. 2

c) Der Winkel ε ist gerundet 37° groß.
Berechne die Größe des Winkels α' (=γ') im Viereck ABCE. 3

d) Der Flächeninhalt des Dreiecks ACE ist dreimal so groß wie der Flächeninhalt des Dreiecks ACD. Begründe, warum das so ist. 2

oder

W2. Sarah hat in der ersten Januarwoche jeden Morgen zur gleichen Uhrzeit die Außentemperatur gemessen.
Ihre Messergebnisse hat sie in der nachfolgenden Tabelle notiert.

Wochentag	Mo	Di	Mi	Do	Fr	Sa	So
Außen-temperatur	7 °C	3 °C	–4 °C	1 °C	3 °C	6 °C	5 °C

a) Bestimme den Temperaturunterschied zwischen der höchsten und der niedrigsten Temperatur. 2

b) Berechne die durchschnittliche Außentemperatur. 2

c) In den Nachrichten hört Sarah, dass am Sonntag auf Hawaii 68 Grad Fahrenheit (°F) gemessen wurde. Sarahs Vater erklärt ihr, wie sie die Temperatur von °F in Grad Celsius (°C) umrechnen kann:
„Zuerst musst du von der Temperatur in °F die Zahl 32 subtrahieren und dann das Ergebnis mit $\frac{5}{9}$ multiplizieren."

1. Rechne die Temperatur 68 °F in die Einheit °C um. 3
   Notiere einen Antwortsatz.
2. Sarah hat die Anweisung ihres Vaters rückwärts angewendet. Sie weiß nun, dass eine Temperatur von 25 °C einer Temperatur von 77 °F entspricht. 1

   Mit welcher der folgenden Formeln hat sie diese Umrechnung durchgeführt? Notiere den Buchstaben der richtigen Formel auf dein Reinschriftpapier.

   A: $(\text{Temperatur in °C} - 32) \cdot \frac{5}{9} = \text{Temperatur in °F}$

   B: $(\text{Temperatur in °C} : \frac{5}{9}) + 32 = \text{Temperatur in °F}$

   C: $(\text{Temperatur in °C} : \frac{5}{9}) - 32 = \text{Temperatur in °F}$

   D: $(\text{Temperatur in °C} + 32) \cdot \frac{5}{9} = \text{Temperatur in °F}$

   E: $(\text{Temperatur in °C} \cdot \frac{5}{9}) + 32 = \text{Temperatur in °F}$

oder

W3. Ein Glücksspiel besteht aus Feldern, die jeweils mit den Symbolen Herz (♥), Karo (♦), Pik (♠) oder Kreuz (♣) gekennzeichnet sind (siehe Abbildung). Bei der Durchführung des Glücksspiels leuchtet zufällig eins der 20 Felder auf. Dieses Feld bleibt erleuchtet. Danach leuchtet zusätzlich ein zweites Feld auf.

♥	♦	♦	♠	♥
♦	♥	♥	♥	♣
♦	♦	♥	♥	♠
♠	♠	♦	♥	♣

a) Mit welcher Wahrscheinlichkeit leuchtet als Erstes ein Feld mit dem Symbol ♣ auf? 1

b) Mit welcher Wahrscheinlichkeit leuchtet als Erstes ein Feld mit dem Symbol ♥ oder dem Symbol ♦ auf? 1

c) Berechne die Wahrscheinlichkeit dafür, dass als Erstes ein Feld mit dem Symbol ♦ und als Zweites ein Feld mit dem Symbol ♠ aufleuchtet. 3

d) Dieses Glücksspiel gibt es auch in einer XXL-Version mit 50 Feldern. 3
Die Wahrscheinlichkeiten für das Aufleuchten der einzelnen Symbole sind dabei dieselben wie im oben beschriebenen Glücksspiel.
Wie viele Felder müssen bei der XXL-Version dann mit dem Symbol ♥ gekennzeichnet sein?

oder

W4. Als Goldnugget bezeichnet man einen Gesteinsklumpen, der sich auf natürliche Weise gebildet hat und einen hohen Anteil an Gold enthält.
Die Masse des Goldes in einem Nugget wird für gewöhnlich in Unzen angegeben. Eine Unze Gold entspricht 31,1 g.

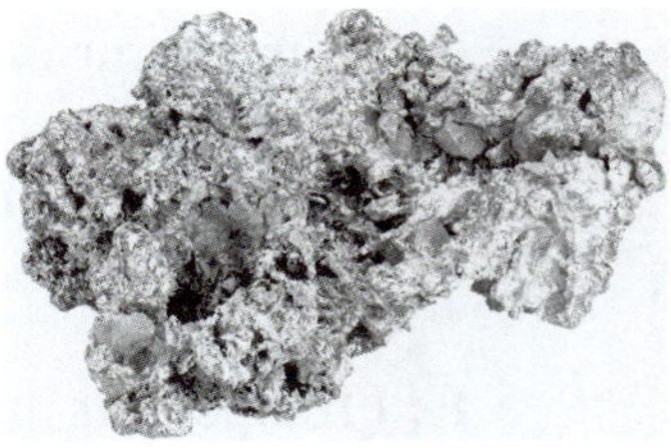
© Bjoern Wylezich/Shutterstock

Vor allem Australien ist bekannt für Funde von Goldnuggets.
Im Jahr 1872 wurde in Australien ein 214 kg schweres Goldnugget gefunden.
Dieses Goldnugget bestand zu 26,5 % aus Gold.

Ebenfalls in Australien fanden der Minenarbeiter Henry Dole und sein Team im Jahr 2018 mehrere Goldnuggets, darunter befand sich ein einzelnes 90 kg schweres Goldnugget. Dieses enthielt 2 440 Unzen Gold im Wert von 2,21 Millionen Euro. Henry Dole brauchte die Hilfe zweier Kollegen, um dieses Nugget zu heben.

a) Berechne, wie viel Kilogramm Gold das im Jahr 1872 gefundene Goldnugget enthielt. 2

b) Welchen Wert hatte im Jahr 2018 eine Unze Gold? 2
Runde dein Ergebnis auf ganze Euro.

c) Berechne den Anteil des Goldes des 90 kg schweren Nuggets in Prozent. 4
Runde dein Ergebnis auf ganze Prozent.
Tipp: Berechne zunächst den Goldanteil in Kilogramm.

Abschlussprüfung an Hauptschulen in Hessen 2021
Mathematik

1. Teil (ohne Taschenrechner)

Du darfst den Taschenrechner und die Formelsammlung nicht benutzen.
Bearbeite alle Aufgaben auf diesem Blatt.

Punkte

1. Berechne.

Platz zum Rechnen:

a) $0{,}8 + 0{,}14 =$ ☐ 1

b) $9 - 7{,}6 =$ ☐ 1

c) $25 \cdot 4 \cdot 13 =$ ☐ 1

d) $12{,}6 : 3 =$ ☐ 1

e) $8^2 =$ ☐ 1

2. Für einen Hefeteig gibt ein Bäcker zunächst 2,4 kg Mehl, 375 g Zucker, 200 g frische Hefe sowie 500 g Butter in eine große Rührschüssel. 2

Berechne, wie viel Gramm alle Zutaten zusammen wiegen.

Alle Zutaten wiegen zusammen ☐ g.

© Stolyevych Yuliya. Shutterstock

Platz zum Rechnen:

3. Das abgebildete Säulendiagramm zeigt die Noten der 20 Schülerinnen und Schüler der Klasse 9b bei einer Mathematikarbeit.

a) Gib den Anteil der Schülerinnen und Schüler mit der Note 3 als Bruch an. 1

Es haben [——] der Schülerinnen und Schüler die Note 3 geschrieben.

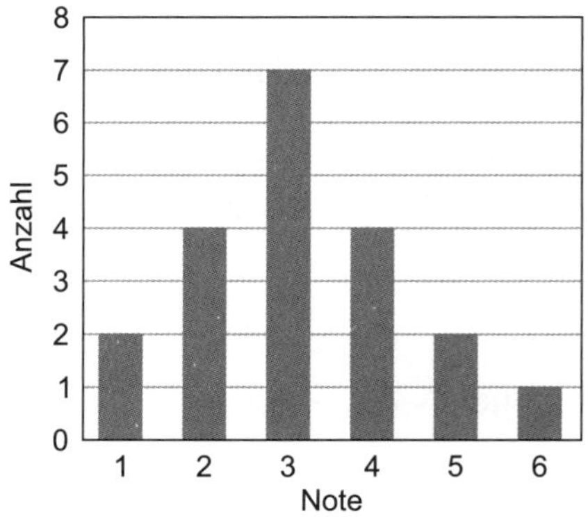

b) Sara sagt: 3

„Mehr als $\frac{1}{4}$ der Schülerinnen und Schüler haben die Noten 1 oder 2 geschrieben.“

Hat Sara recht? Begründe deine Antwort durch eine Rechnung.

Platz zum Rechnen und Schreiben:

4. Ein Motorradhelm kostet 80 €. Im Winter wird dieser Preis um 20 % reduziert. 2

Berechne den reduzierten Preis des Motorradhelmes.

Der Motorradhelm kostet nach der Reduzierung [ ] €.

Platz zum Rechnen:

5. Im Zoo sind die Eintrittspreise für Erwachsene und Kinder unterschiedlich. 3
Die abgebildete Rechnung zeigt die Preise für drei Erwachsene, vier Kinder und den Gesamtpreis.

Zoo

**** ***Rechnung*** ****

Eintritt	
3 Erwachsene	36,00 €
4 Kinder	32,00 €
TOTAL:	**68,00 €**

Berechne, wie viel Euro ein Erwachsener und acht Kinder für den Eintritt in diesen Zoo insgesamt bezahlen müssen.

Für den Eintritt müssen sie insgesamt ☐ € bezahlen.

Platz zum Rechnen:

6. Im abgebildeten Koordinatensystem sind die Punkte A und B eingezeichnet.

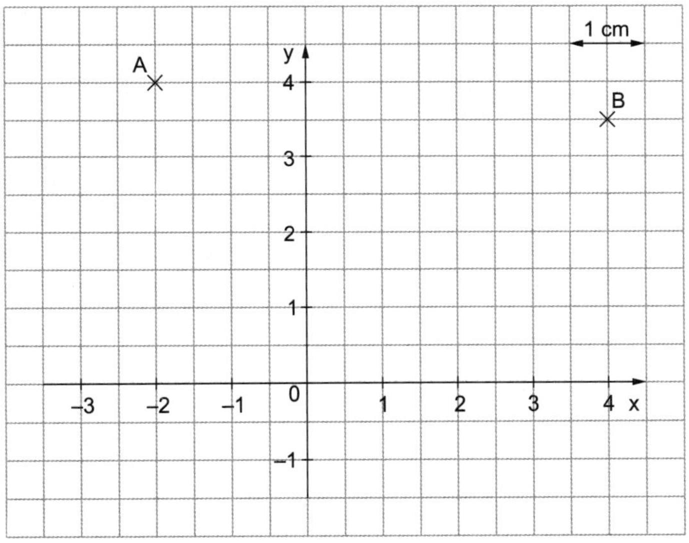

a) Gib die Koordinaten des Punktes A an. A(|) 1

b) Verschiebe den Punkt B um 5 Einheiten nach links (parallel zur x-Achse) und um 1,5 Einheiten nach unten (parallel zur y-Achse). 2
Zeichne den so verschobenen Punkt ein und beschrifte diesen Punkt mit B'.

7. Bestimme den Flächeninhalt der grauen Figur. 3

Der Flächeninhalt der grauen Figur beträgt

☐ cm^2.

Platz zum Rechnen:

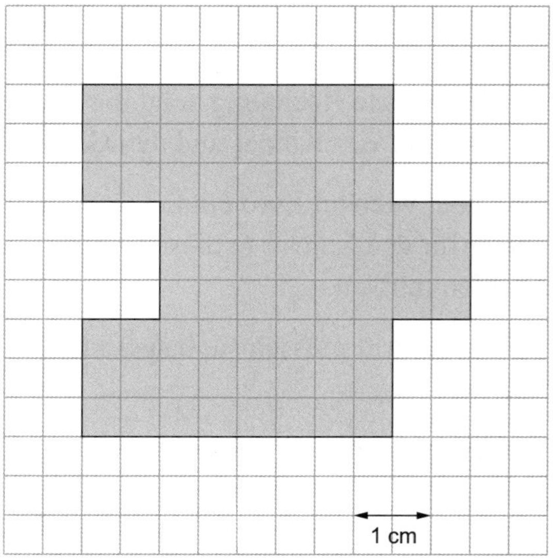

8. Gleich große Würfel werden wie abgebildet in eine quaderförmige Box gestapelt. Diese Box soll vollständig mit den Würfeln gefüllt werden.

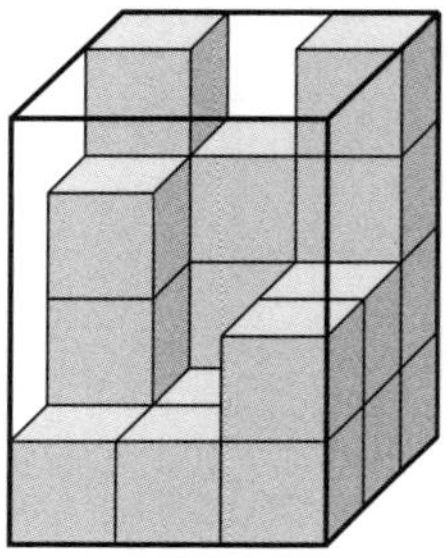

a) Gib an, wie viele Würfel in dieser Box insgesamt gestapelt werden können. 1

Es können insgesamt ☐ Würfel in dieser Box gestapelt werden.

b) Gib an, wie viele Würfel fehlen, bis diese Box vollständig gefüllt ist. 1

Es fehlen ☐ Würfel.

Platz zum Rechnen:

2. Teil (mit Taschenrechner)

Du darfst den Taschenrechner und die Formelsammlung benutzen.
Schreibe bei jeder Aufgabe den Lösungsweg auf dein Reinschriftpapier.
Vergiss die Maßeinheiten im Ergebnis nicht.

Punkte

9. Ali legt 18 gleiche Plastikflaschen in den Pfandflaschenautomaten.
Er erhält dafür 4,50 € Pfand.

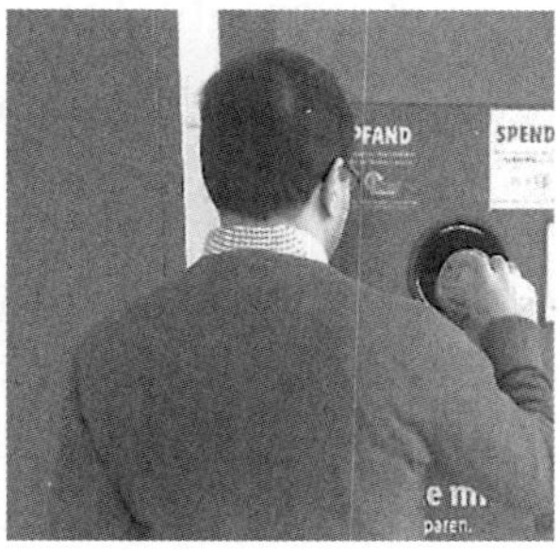

a) Lena legt 7 Plastikflaschen dieser Sorte in den Pfandflaschenautomaten.
Berechne, wie viel Euro Pfand sie dafür bekommt. 2

b) Hannah gibt 6 dieser Plastikflaschen und außerdem 13 gleiche Glasflaschen in den Automaten. Sie bekommt dafür insgesamt 2,54 € Pfand zurück.
Berechne, wie viel Euro Pfand Hannah für eine Glasflasche erhält. 3

10. a) In einem gleichschenkligen Dreieck ABC mit $a=b$ ist die Seite $c=6$ cm und die Höhe $h_c=6{,}5$ cm lang.

1. Konstruiere das Dreieck ABC und beschrifte die Eckpunkte. 3
2. Berechne den Flächeninhalt des Dreiecks ABC. 2

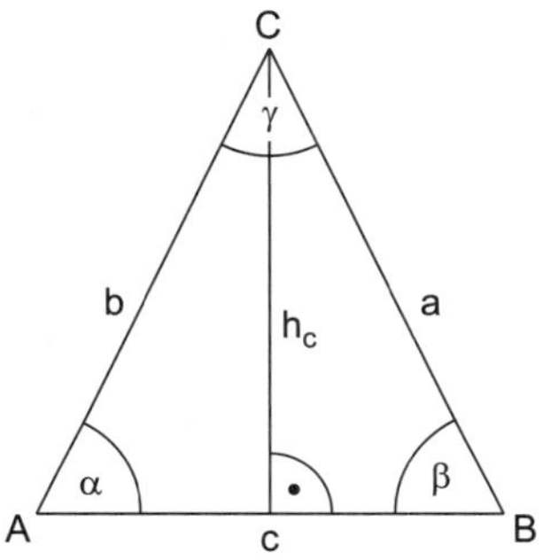

Zeichnung nicht maßstabsgerecht

b) In einem anderen gleichschenkligen Dreieck ABC mit $a=b$ ist der Winkel $\gamma=100°$. 2
Chris behauptet: „In diesem Dreieck ABC ist der Winkel $\alpha=30°$.“
Hat Chris recht? Begründe deine Antwort.

11. Eiweiß und Kohlenhydrate sind lebensnotwendige Nährstoffe, die wir mit unserer Nahrung zu uns nehmen.

a) Ein Vollkornbrot wiegt 800 g. Davon sind 300 g Kohlenhydrate. 2
Berechne, wie viel Prozent das sind.

b) In 125 g Mozzarella sind 28 % Eiweiß enthalten. 2
Berechne, wie viel Gramm Eiweiß in diesem Mozzarella enthalten sind.

12. Die Abbildung zeigt das Würfelnetz eines besonderen Spielwürfels.
Mit diesem Spielwürfel wird gewürfelt.

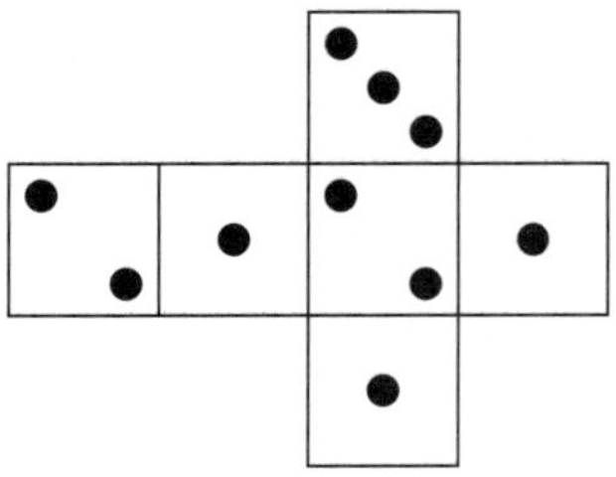

a) Es wird einmal gewürfelt.
   1. Gib die Wahrscheinlichkeit an, beim Würfeln die Augenzahl 2 zu erhalten. 1
   2. Gib die Wahrscheinlichkeit an, beim Würfeln eine Augenzahl kleiner als 3 zu erhalten. 1

b) Es wird zweimal gewürfelt. 2
Berechne die Wahrscheinlichkeit dafür, dass man zweimal die Augenzahl 1 erhält.

13. Der abgebildete Spülkasten ist quaderförmig. 5
Der Kasten ist vor dem Spülvorgang immer bis zu einer
Höhe von 30 cm mit Wasser gefüllt. Bei einem Spülvorgang entleert sich der gesamte Kasten.

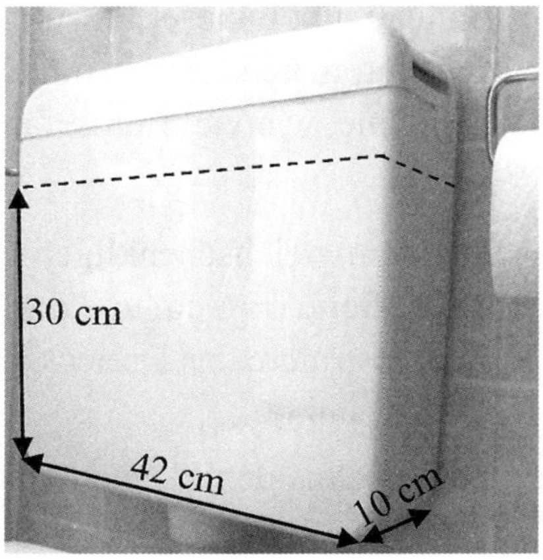

Berechne die Wasserkosten für einen Spülvorgang, wenn 1 Liter Wasser 0,4 Cent kostet.
Entnimm die dazu nötigen Maße der Abbildung.
Runde dein Endergebnis auf ganze Cent und notiere einen Antwortsatz.

14. Löse die Gleichung. 4

$12x - 4 + 5x = 51 + 6x$

15. Die rechteckige Dachfläche der abgebildeten Lagerhalle soll erneuert werden.
Dazu muss die Größe der Dachfläche bestimmt werden.
Die eine Seite des Daches ist 12,00 m lang (siehe Abbildung).

a) Berechne die fehlende Seitenlänge x der Dachfläche. 3
Runde dein Ergebnis auf zwei Stellen nach dem Komma.

b) Berechne die Größe der rechteckigen Dachfläche. 2
Benutze dazu dein gerundetes Ergebnis aus Teilaufgabe a.

16. Berechne das ungefähre Volumen des abgebildeten Koffers. 6
Schätze zunächst die dafür benötigten Größen des Koffers.
Gib dein Ergebnis in Liter an.

Hier hast du die **Wahl**. Bearbeite **zwei** der vier Wahlaufgaben.

W1. a) 1. Konstruiere das Parallelogramm ABCD mit $a = 5$ cm, $d = 4$ cm und $\alpha = 60°$. Beschrifte die Eckpunkte. 4

2. Berechne den Umfang des Parallelogramms ABCD. 2

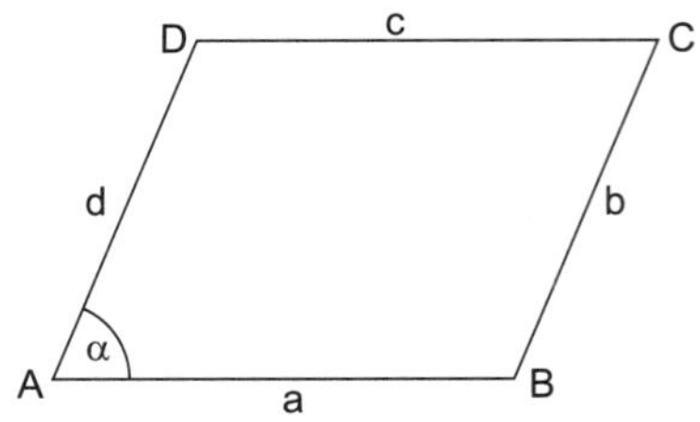

Zeichnung nicht maßstabsgerecht

b) An ein anderes Parallelogramm ABCD wird das Dreieck BEC mit drei gleich großen Innenwinkeln angelegt, sodass ein Trapez AECD entsteht (siehe Skizze). 2

Begründe, warum die Strecke x genauso lang ist wie die Seite d.

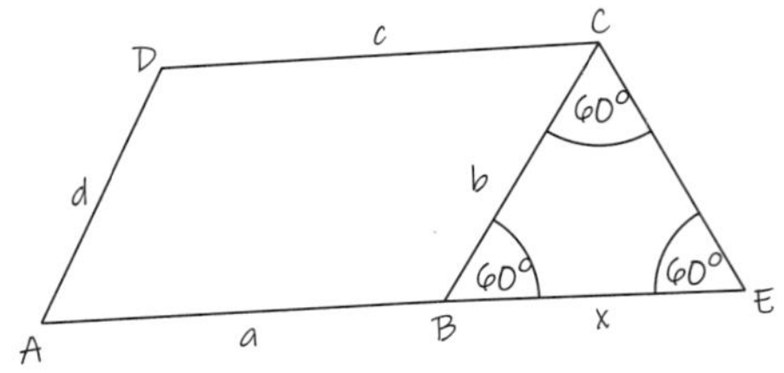

Freihandskizze nicht maßstabsgerecht

oder

W2. Eine Kugel hat einen Radius von $r = 8$ cm.

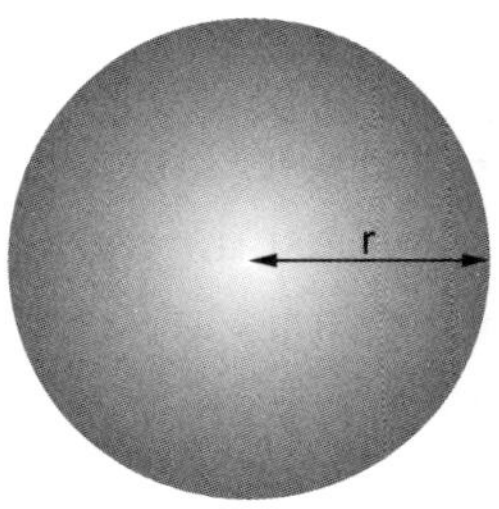

a) Berechne die Oberfläche der Kugel. Runde dein Ergebnis auf ganze Quadratzentimeter. 2

b) Begründe, warum diese Kugel nicht in eine würfelförmige Box mit einer Kantenlänge von 15 cm hineinpasst. 1

c) 1. Berechne das Volumen der Kugel. Runde das Ergebnis auf eine Stelle nach dem Komma. 2

2. Katharina behauptet: 3
„Wenn ich den Radius der Kugel verdoppele, so verachtfacht sich das Volumen der Kugel."
Zeige durch eine Rechnung, dass Katharina recht hat.

oder

W3. Auf dem Tisch eines Restaurants steht ein Krug mit Servietten und 12 Besteckteilen.
In dem Krug befinden sich ungeordnet 3 Löffel, 4 Gabeln und 5 Messer.
Die Besteckgriffe sind nicht zu unterscheiden (siehe Abbildung). Aus diesem Krug werden zufällig und ohne Hineinzusehen Besteckteile einzeln herausgezogen und nicht wieder zurückgelegt.

a) Aus dem Krug mit 12 Besteckteilen wird ein Besteckteil herausgezogen.

1. Gib die Wahrscheinlichkeit dafür an, dass man einen Löffel herauszieht. 1
2. Gib die Wahrscheinlichkeit dafür an, dass man keine Gabel herauszieht. 1

b) Berechne die Wahrscheinlichkeit dafür, dass man aus dem Krug mit 12 Besteckteilen zuerst ein Messer und anschließend eine Gabel herauszieht. 3

c) Wie viele Besteckteile muss man aus dem Krug mit 12 Besteckteilen herausziehen, damit mit Sicherheit ein Messer dabei ist? 1

d) Aus dem Krug mit 12 Besteckteilen wurden zwei Besteckteile herausgezogen. Nun beträgt die Wahrscheinlichkeit, beim dritten Zug eine Gabel zu ziehen, genau 30 %. Welche zwei Besteckteile können bei den ersten beiden Zügen herausgezogen worden sein? Gib eine Möglichkeit an und begründe dein Ergebnis. 2

oder

W4. Tobi und Lars machen eine Mountainbike-Tour rund um den Berg Hochfelln. Das folgende Diagramm zeigt den Höhenverlauf der Tour, die am Parkplatz an der Seilbahn beginnt und endet.

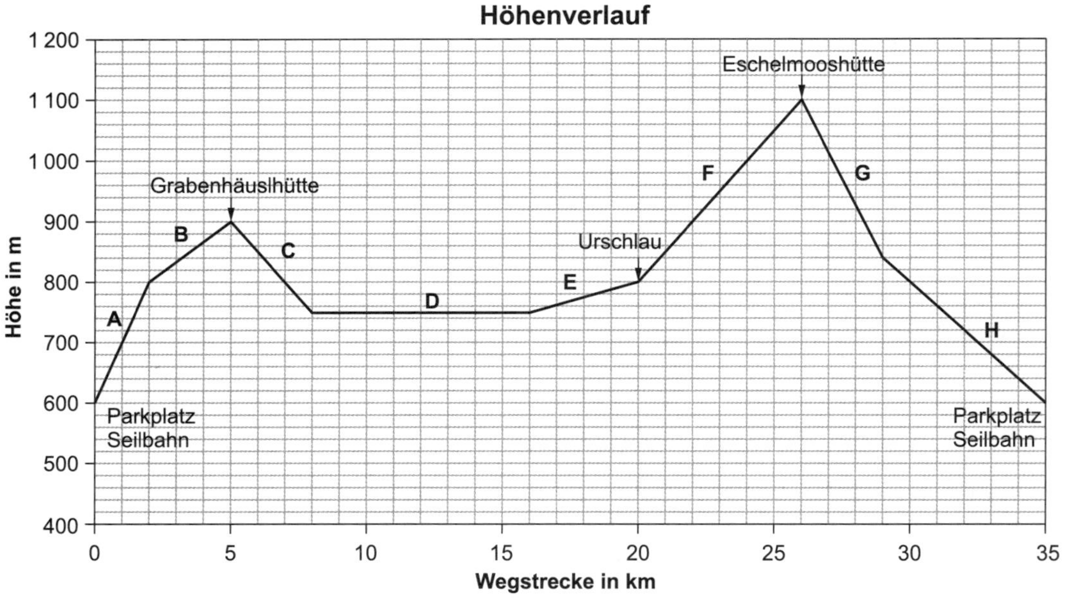

a) Auf welcher Höhe liegt die Grabenhäuslhütte? 1

b) Der Höhenverlauf der Tour ist in die Streckenabschnitte A bis H unterteilt. Gib an, in welchem Abschnitt Tobi und Lars weder bergauf noch bergab gefahren sind. 1

c) 1. Gib die Länge der Wegstrecke zwischen der Grabenhäuslhütte und Urschlau an. 2

2. Die gesamte Wegstrecke der Mountainbike-Tour ist 35 Kilometer lang. Berechne, wie viel Prozent die Länge der Wegstrecke zwischen der Grabenhäuslhütte und Urschlau von der Länge der gesamten Wegstrecke ausmacht. Runde dein Ergebnis auf ganze Prozent. 2

d) Nach der Tour stellt Tobi fest: „Bei der Abfahrt von der Eschelmooshütte bis zum Parkplatz habe ich pro Minute durchschnittlich 25 Meter an Höhe verloren.“ Berechne, wie viele Minuten er für den Höhenunterschied gebraucht hat. 2

Um dir die Prüfung 2022 schnellstmöglich zur Verfügung stellen zu können, bringen wir sie in digitaler Form heraus.

Sobald die Original-Prüfungsaufgaben 2022 freigegeben sind, können sie als PDF auf der Plattform **MyStark** heruntergeladen werden (Zugangscode vgl. Farbseiten vorne im Buch).

Prüfung 2022

www.stark-verlag.de/mystark